移动开发经典丛书

Swift 开发秘籍

[美] Erica Sadun 著

李泽鲁 译

清华大学出版社

北 京

图书在版编目(CIP)数据

Swift 开发秘籍/ (美) 埃里卡·萨顿(Erica Sadun) 著；李泽鲁 译. —北京：清华大学出版社，2016
(移动开发经典丛书)

书名原文：The Swift Developer's Cookbook
ISBN 978-7-302-44375-9

Ⅰ. ①S… Ⅱ. ①埃… ②李… Ⅲ. ①程序语言—程序设计 Ⅳ. ①TP312

中国版本图书馆 CIP 数据核字(2015)第 160398 号

责任编辑：王 军 刘伟琴
装帧设计：孔祥峰
责任校对：曹 阳
责任印制：王静怡

出版发行：清华大学出版社

网 址：http://www.tup.com.cn，http://www.wqbook.com
地 址：北京清华大学学研大厦 A 座 邮 编：100084
社 总 机：010-62770175 邮 购：010-62786544
投稿与读者服务：010-62776969，c-service@tup.tsinghua.edu.cn
质 量 反 馈：010-62772015，zhiliang@tup.tsinghua.edu.cn

印 刷 者：北京鑫丰华彩印有限公司
装 订 者：三河市溧源装订厂
经 销：全国新华书店
开 本：185mm×260mm 印 张：14.75 字 数：349 千字
版 次：2016 年 8 月第 1 版 印 次：2016 年 8 月第 1 次印刷
印 数：1～3000
定 价：49.80 元

产品编号：068688-01

译者序

作为本书的译者，我倍感荣幸，同时作为一名“码农”也倍感骄傲，因为Coding可以给我带来快乐。在翻译本书的过程中，我不仅是一名译者，更是一名读者，在拜读原著时，也深深地被 Swift 语言的魅力所吸引。在翻译本书之前自己也以“青玉伏案”的笔名发表过好多关于 iOS 开发、Objective-C 以及 Swift 的网络文章，并且结识了很多真正热爱技术的朋友。只要你对技术怀揣着一颗热忱之心，技术的大门就会为你敞开。

“授之以鱼，不如授之以渔。”本书不仅可以作为学习 Swift 语言的法宝，还可以作为工具书。虽然 Swift 一直在更新，但对于本书的内容来讲，影响不是很大。本书不仅给出了详细的知识点和使用案例，而且还预测了 Swift 将来的更新方向，同时还给出了应对 Swift 语言本身更新的方式。最关键的是该书作者给大家分享了一些学习方法，可供读者在此基础上继续学习。

本书真可谓是 Swift 开发中的秘籍，书中内容不仅实用，而且为读者提供了一些继续学习的资源。当然，学习任何一门新的语言的最好方法就是理论联系实际，同时要学会与之前学过的编程语言相类比。如果你之前学过 C#等其他语言，那么你很快就会融入 Swift 世界当中，并且会亲身感受到 Swift 的优雅所在。在阅读本书时，可以不从第 1 章开始看起，因为每章都是一个独立的部分，可以穿插着进行翻阅。本书中的内容写的较为详实，不仅适合初学者对 Swift 进行深入的了解，而且适合有经验的开发人员作为工具书进行翻阅。

本书全部章节由李泽鲁翻译，参与本次翻译工作的还有李洁、明睿、于莲莲、郝凡宁、李如申和孙海金，在此深表感谢！译者在翻译过程中力求忠于原文，字斟句酌，将大量心血和汗水投入本书，努力为读者献上一本经典译作。当然，由于译者水平有限，难免会有疏漏之处，欢迎广大读者在阅读过程中予以指正！

译者

作 者 简 介

Erica Sadun 是一位畅销书作家，是几十本关于编程和其他技术主题书籍的编著者和贡献者。她在 TUAW.com、O'Reilly's Mac Devcenter、Lifehacker 和 Ars Technica 上都拥有自己的博客。除了是几十个 iOS 原生应用的作者外，Erica Sadun 还拥有美国佐治亚理工学院的图形、可视化和可用性中心(Georgia Tech's Graphics、Visualization and Usability Center)的计算机科学博士学位。她拥有极客、程序员以及作者身份，她从未见过什么她不喜欢的小玩意儿。不忙于写作时，她和她的极客丈夫就会抚养三个小极客。

致　　谢

真诚感谢 Trina MacDonald、Chris Zahn 和 Olivia Basegio，当然还有整个 Addison-Wesley/Pearson 的制作团队，特别是 Betsy Gratner、Kitty Wilson 和 Nonie Ratcliff，以及团队中的技术编辑 Kevin Ballard、Alex Kempgen 和 Sebastian Celis。

我的感激之情延伸到所有帮助阅读草稿并提供反馈的人。特别感谢 Ken Ferry、Jeremy Dowell、Remy Demarest、August Joki、Mike Shields、Phil Holland、Mike Ash、Nate Cook、Josh Weinberg、Davide De Franceschi、Matthias Neeracher、Tom Davie、Steve Hayman、Nate Heagy、Chris Lattner、Jack Lawrence、Jordan Rose、Joe Groff、Stephen Celis、Cassie Murray、Kelly Gerber、Norio Nomura、"Eiam"、Wess Cope 和其他为此付出努力的人们。如果遗漏了你的名字，请接受我的道歉。

还要特别感谢我的丈夫和孩子们。你们是最棒的！

前　言

虽然 Swift 编程语言已经问世一年多了，但该语言仍在不断地发展和演变。编写一本有关尚未稳定的编程语言的书籍，似乎有些令人可笑，但这正是本书所要做的事情。Swift 虽然还在不停地变化，但它已不是新生儿。Swift 并不知道 Apple 开发者预期的目的是什么。作为现代类型安全的语言，Swift 已经确定了其基本法则，具体细节的实现就只能交给时间来解决了。

Swift 让编程变得简单而快乐。它的结构和库呈现了崭新的方法，以便组织代码和处理数据，并执行无休止的日常任务。从面向协议和函数编程到优秀的闭包和代数数据类型，Swift 提供了一种新的且令人兴奋的编程方式。使用 Swift 开发的时间越长，就越难回到之前的旧语言，因为旧语言中没有提供这些属于 Swift 的强大特性。

本书与传统的教程有所不同。无论你是否有编程经验，如果希望将现有的能力提升到一个新的高度，那么本书就是为你而写的。书中的每个重点章节都涵盖了实用技能。这些章节会指引你掌握 Swift，并完成其中的基本开发任务。你不必从头到尾阅读本书(尽管你很喜欢这样做)，而可以直接深入到你想学习的任何话题中，从讨论中获取你要学习的内容。

本书在笔者的工作中被视为一个令人振奋的项目。希望你能像我喜欢写本书一样喜欢阅读本书。

本书的组织结构

本书提供了一个实用的 Swift 开发专题调查。以下是本书各章的内容：

第 1 章，“欢迎使用 Swift”——该章探讨如何使用 Swift 这种现代类型安全的编程语言来构建应用。在工作中使用不断变化的新语言并不总是一帆风顺。自从苹果公司推出 Swift 语言之后，该语言一直都在更新。从一个个 beta 版的发布到一个个 release 版的发布，这意味着一些新功能和新语法可能在下一个版本发布时就不再使用了。该章介绍了学习一种不断发展的语言意味着什么，以及如何在语言更新的同时移植代码。

第 2 章，“打印与映射”——虽然编程是使用代码构建组件，但要牢记代码最终是为开发者和用户服务的。代码不仅仅需要编译，还应易于理解、上下连贯并且高效执行。该章讨论所有范围内的输出场景，从面向用户的写操作到面向开发者的调试支持。该章除了总结这些技术外，还探讨如何准确地建立反馈和文档并根据开发和调试需求输出相应内容。

第 3 章，“可选类型?!”——不像其他语言那样，Swift 中的 nil 并不是指针。可以使用 nil 来安全地表示结构中潜在的有效或无效值。学习如何识别和使用可选类型是掌握 Swift 语言的重要一步。该章介绍了可选类型，为了检测 nil 支持的结构，需要在代码中创建、测试并成功地使用可选类型。

第 4 章，“闭包和函数”——闭包语法为方法、函数和“块”参数提供了基础，所有这些参数都是开发 Swift 应用的基础。通过封装状态和功能，促使了优秀结构的形成。该章讨论了闭包，展示了闭包在 Swift 中的工作方式以及如何更好地将其纳入应用中。

第 5 章，“泛型和协议”——泛型有助于构建健壮的代码，用以扩展单一类型之外的功能。泛型实现服务于一组数据类型，而不是某一种特定的数据类型。泛型类型和协议(行为合约)的组合，建立了强大而灵活的编程组合。该章介绍了这些概念，并且探讨了如何掌握那些在版本更新中经常令人迷惑的部分。

第 6 章，“错误”—— Swift 中的“错误”和其他编程语言中一样，表示失败的事情。在日常开发任务中，你会遇到逻辑错误，即能正常编译运行，但无法达到预期效果。有时还会遇到由现实条件而产生的运行时错误，如缺少资源或访问了不可用的服务。Swift 反馈机制包括断言导致的致命错误和支持恢复的错误类型，它们可以帮助定位问题，并提供运行时的解决方案。该章介绍“错误”，并帮助你了解如何处理各种故障。

第 7 章，“类型”——当提到类型时，Swift 提供了三个不同寻常的类型系列。Swift 的类型系统包括类(提供引用类型)、枚举和结构体(二者都为代数值类型)。为支持开发，每种类型都有独特的优势和功能。该章总结了 Swift 语言中常用的关键概念，并探讨了应用中类型的工作方式。

第 8 章，“杂记”——Swift 是一种充满活力且正在不断发展的语言，在单一的框架内许多功能并不总是适用。该章介绍了一系列主题，虽然这些主题在本书找不到合适的对应章节，但仍然值得关注。

关于示例代码

在开源代码托管网站GitHub上可以找到本书的源码，网址为https://github.com/erica/SwiftCookbook。在该网站上可以找到每章的源代码，其中涵盖了本书的所有示例。

可以使用 git 工具克隆整个仓库或者单击 GitHub 上的 Download 按钮来获取示例代码。在本书编写时，Download 按钮位于网页右边中心位置[1]。通过下载 ZIP 归档文件能够获取整个仓库。

本书中文支持网站 www.tupwk.com.cn/downpage 上也提供了各章的源代码。

[1]译者注：在本书翻译时，该按钮是网页右上角的“Download ZIP”。

贡献

示例代码从来没有固定版本。它将随着苹果公司对 Swift 语言的更新继续演化。通过对 bug 提出修复和纠正建议以及通过扩展示例代码可以参与其中。GitHub 允许你创建分支并添加自己的东西，最后合并到主分支进行分享。如果你想出了新点子或新方法，请告诉我。

了解 GitHub

GitHub(http://github.com)是最大的 Git 托管网站，其中包含超过 150 000 个公共库。它提供免费托管的公共项目和付费托管的私有项目。它有一个自定义的 Web 界面，其中包括维基托管、问题跟踪，重要的是它还包括项目开发者的社交网络，这是寻找新代码或查找现有库的好地方。在 GitHub 网站上注册一个免费账户，然后才能复制和修改这些公有库或创建自己的开源 iOS 项目，以与他人分享。

联系作者

如果有关于本书的任何意见或问题，请给我发电子邮件到 erica@ericasadun.com，或者在 GitHub 上给我留言。

目　　录

第1章 欢迎使用 Swift

苹果公司在2014年推出Swift编程语言，该语言是一门性能可调整且类型安全的现代编程语言，拟在取代Objective-C语言。这门新语言包括面向协议编程、类型推断、自动引用计数、泛型、优秀的函数对象、重载、可为空特性、可选类型等。Swift具有详细检查控制的机制和结构，增强了某些特性，比如Cocoa和Cocoa Touch项目中的Switch和枚举类型，使其更为强大但又不失灵活性。

首席开发者Chris Lattner在2010年开始研发Swift语言。该项目一直在进行，并在2013年成为Apple工具开发组的主要焦点。2014年推出后，Chris Lattner在他的博客中详述了设计Swift语言所付出的努力："Swift语言的诞生是大家不懈努力的结果，其中包括语言专家、参考资料的专家、编译程序的优化者，以及内部的dogfooding组，他们所提供的反馈建议帮助更好地测试和优化产品。当然，也从该领域的其他语言中吸取了许多宝贵的经验，其中包括Objective-C、Rust、Haskell、Ruby、Python、C#、CLU等，远远要比上面列举的多得多。"

在WWDC 2015之前，Swift语言都没有发挥其真正的潜力。在那时，Swift发展到了2.0版本，重新设计了错误处理系统，更好地与原有API进行整合，并且把功能进行了升级，让语言与功能更为接近。这并不是说Swift时代已经来临。Swift 2.0虽然已经推出，但Swift语言本身并没有完成。在WWDC演讲表达的主题词汇中会反复出现诸如"在未来更新"、"在未来的版本中"和"当我们有时间会这样去实现"等字样。虽然WWDC上Swift发生了巨大变化，但是几乎不影响支撑你编写每一行代码的基本概念。

自从苹果公司推出Swift语言之后，它的更新就一直没有间断。从一个beta版到另一个beta版，从一个release版再到另一个release版，这说明在源代码中添加的新功能和新语法将有可能在下一个语言版本更新时就不适用了。笔者预测在未来的几年里，至少每六个月Swift就会更新一次，之后更新速度就开始减慢，直到它的稳定版本出现。

现在Swift的处境有些尴尬。它虽然不够精致，但是它的势头非常迅猛，同时对苹果开发者社区也非常重要，以至于它不能被忽略。如果你还没有加入，那么是时候加入了。请接受这个现实。这是一个漫长、艰难且令人沮丧的工作环境。

我很乐意投身于一个关于 Swift 的图书项目，原因有两点。首先，Swift 最基本的特征是融合。虽然很多小功能不断更新，但是结构体、枚举和类的地位不太可能被设计师所撼动。其次，苹果致力于提供该语言的版本迁移工具，使你可以把源代码升级到最新的语言版本。当 Swift 将其基本的打印函数从 println()修改成 print()时，Xcode 的迁移工具对此改变提供了很大帮助。

开发者不再使用早期的 Swift 测试版，因为测试版语言中的一些东西已不再适用。苹果公司主要是更新 Swift 中的技术和程序，而不是核心语言概念，确切地说是不更新大部分核心语言概念。早期测试版中的编码有些滑稽可笑。现如今 Swift 虽然有些令人沮丧，但它还是可以被大加赞赏的。Swift 语言的更新虽然还没有停止，但现在的版本是值得你花费时间和精力去学习和使用的。

苹果公司一直致力于打造 Swift 的未来。现在是跳上 Swift 这趟列车的最佳时机，去看一下它究竟能把你带向何方。不要看着 Swift 2.0 说“我已经太晚了，不能登上这列火车了”或者“Swift 2.0 版本怎么依然是个测试版？”请你使用 Swift 中基本的数学计算将最新版本转换为它的真实版本号：

```
Official Swift version N = Unofficial Swift(version: N * 0.1)
```

这种简单而有趣的方式说明“2.0 版本离真正发布的 1.0 版本还有很长的路要走”。如果 Swift 语言继续加快更新速度的话，那么这个数字常量 0.1 可能会上升。

1.1 代码迁移

在本书开头就讨论代码迁移似乎有些奇怪，但本章致力于讨论 Swift 的可爱性和高价值，这稍微会让你有点措手不及。了解如何在一个不断更新的语言中迁移代码是一项很实用的技能。

Xcode 中的 Swift 代码迁移功能在 Swift 1.2 版本中首次引入。这是不断更新的语言的一个重要功能，该功能可以帮助定位过时的语法，并提供了一条顺利更新到最新语言版本的途径。这个工具的确切细节可能会随着时间的推移而改变，但苹果公司已经承诺为每个 release 版本提供一个迁移工具，以支持开发人员。

1.1.1 如何迁移

在 Edit 菜单下找到 Convert 选项。这个菜单在 Xcode 7 的 beta 版中如图 1-1 所示。一旦选择了 Convert，Xcode 就会一步步将所有的代码迁移到最新的 Swift 版本中。

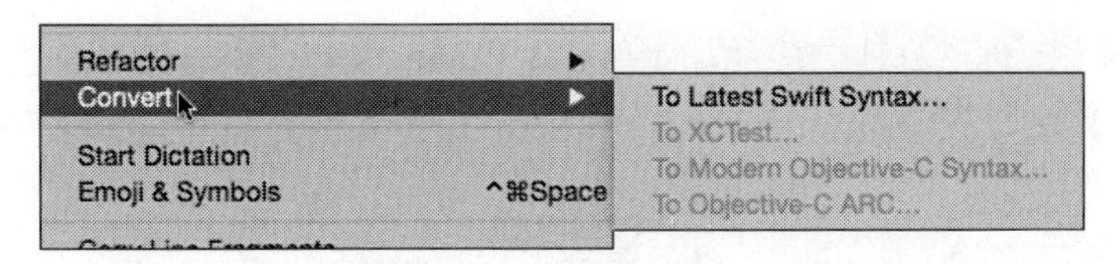

图 1-1　Xcode 可以将 Swift 源码更新为最新的语法

选择要升级的目标，如图 1-2 所示。你可能会被提示是否启用存储快照。无论你是使用 git(可以使用喜欢的版本控制系统)还是使用 Xcode 自带的存储仓库，都强烈建议你提交原有的项目代码，这样就可以把项目恢复到升级前的版本。

图 1-2　选择项目中你想转换的目标

Xcode 会扫描所有文件，并高亮标记出所修改的文件(见图 1-3)。可以通过单击 Save 或 Cancel 来允许或取消更新。

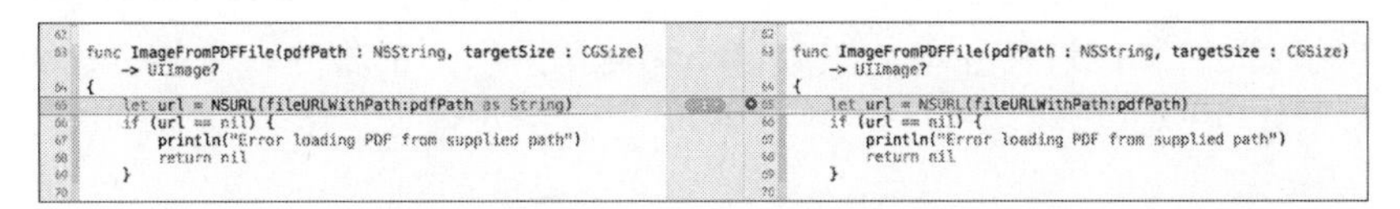

图 1-3　Xcode 提供的一边对一边的比较方式，展示了新语法(转换后)和旧语法(转换前)的不同之处。左边是更新后的代码，右边是更新前的代码

每个升级修改的地方会有一个红点，如图 1-3 所示。红点的旁边是一个带有数字编号的灰色小椭圆。单击每个红点可以查看更新的详细说明信息。单击灰色椭圆形按钮则会放弃更新。

左上方列表中的内容是 Review Changes 窗格。在 Review Changes 窗格中，可以选择单独的文件进行审查。在 Xcode 中，转换后(After Conversion)的版本位于左窗格，转换前(Before Conversion)的版本位于右窗格。如果你不确定哪边的窗格具体对应着什么类型的代码，可以查看每个窗格底部的标题。Xcode 显式地添加了转换角色以及文件名 。完成审查后，就可以单击 Save 进行保存。Xcode 如果有新的版本，就可以使用最新的编译器进行代码编辑。

1.1.2　迁移课程

Swift 2.0 beta 版发布后，开发人员开始升级苹果公司提供的 playgrounds 示例，例如在 2015 年 3 月份提供的 Mandelbrot 示例(https://developer.apple.com/swift/blog/?id=26)。一些开发人员试图让示例正常工作，从而浪费了几个小时。尽量不要手动升级代码，Xcode 的代码迁移工具(migrator)能够帮助你更好地完成此项工作。它机械地执行代码升级，并且对迁移工作没有任何偏见。那些通过重新下载旧项目并选择自动升级的开发人员在几分钟内就可以运行该示例代码。

升级程序并不是万能的。迁移工具并不会发现逻辑错误或编码缺陷，它不能转变编程范式。例如，使用一个涉及 Swift 的相当复杂的概念，考虑一种 Swift 应用处理失败条件的方式。Swift 中的代码迁移不能把 Swift 1.2 中的 if-let 转变为 Swift 2.0 中的 guard 语句。你需要手动地对这些类型进行转换。虽然范式变了，但 Xcode 调整的只是语法。它不考虑最佳做法或模式更新。

Xcode 不能升级版本太旧的代码。最初的 1.1 到 1.2 版本都不能处理 Swift beta 1.0 的代码。你要保持代码是最新版本，要时刻为下一个语言版本的更新做好准备。这虽然需要花费大量的时间，但如果你要继续投身于 Swift 语言的话，这也是必要的。

迁移意味着代码复审。在图 1-3 中可以看到并排式的比较图。这就是在升级后必须要对代码进行检查的原因。这是经验之谈。这并没有减少语言版本迁移所需要的时间成本和所造成的失控风险。

重要的是，你可以从 Swift 版本迁移中学到一些东西。花时间检查代码是非常重要的，因为它是保持当前库和应用最新的重要组成部分。一个完整的套件提供完整的代码覆盖，并确保你的功能模块可以通过最小的验证集合。如果你的测试代码是使用 Swift 实现的，就需要花费一定的时间对测试进行迁移。然后自动化测试升级后的程序，正如 Xcode 自动迁移一样。

1.2 使用 Swift

Swift 是一门通用语言，它可以被当成脚本来编译或运行，也可以在命令行中使用，或者在独立的应用中使用。从编译的应用到脚本，这里简单总结了一些 Swift 生成可执行代码的方法。

1.2.1 编译应用

最典型的案例就是可以使用 Swift 为 iOS、OS X、tvOS 和 watchOS 构建应用和扩展程序(见图 1-4)。Swift 是一门现代的、类型安全的语言，它提供了快速高效的代码生成方式。它是一套完整的开发方案，整合了苹果全系列的开发人员 API。你可以使用纯 Swift 编码来创建应用，或者混合使用 Swift、C 和 Objective-C 来创建应用。

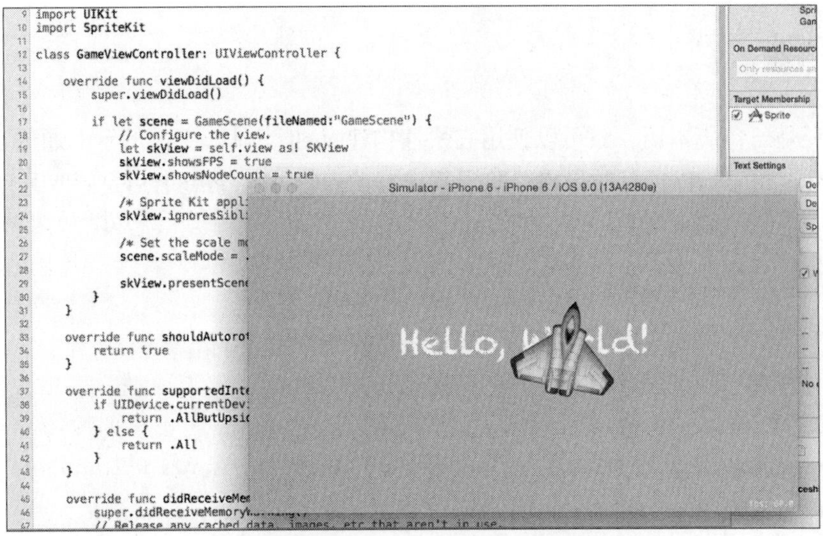

图 1-4　Swift 是 Apple 应用开发的首选语言

1.2.2　框架和库

Swift 并不仅仅限于构建带有传统用户界面的应用，它使你能够创建 frameworks、bundles、services 和命令行程序(Swift 目前还不支持创建静态库)。Xcode 提供了一个宽泛的且支持 Swift 语言的内置模板，所以可以从它开始构建一个大型项目(见图 1-5)。

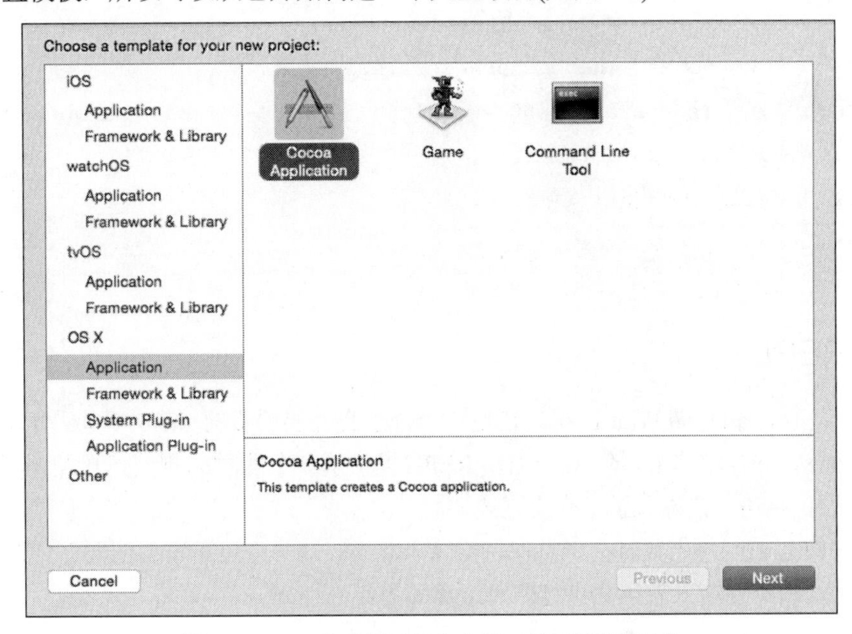

图 1-5　Swift 构建类似于命令行工具和框架的对象

1.2.3 脚本

Swift 还是一门脚本语言。可以使用它快速构建 shell 工具。下面的示例通过 iTunes 查找一个特定 App Store ID 项目的价格。除了第一行的内容外(哈希签名后是感叹号)，这个脚本与用于命令行工具编译的源代码没有区别：

```
#!/usr/bin/xcrun swift
import Cocoa
var arguments = Process.arguments
for appID in arguments.dropFirst() {
    let urlString = "https://itunes.apple.com/lookup?id=\(appID)"
    guard let url = NSURL(string: urlString) else {continue}
    guard let data = NSData(contentsOfURL: url) else {continue}
    if let json =
        try NSJSONSerialization.JSONObjectWithData(data, options: [])
            as? NSDictionary,
        resultsList = json["results"] as? NSArray,
        results = resultsList.firstObject as? NSDictionary,
        name = results["trackName"] as? String,
        price = results["price"] as? NSNumber {
            let words = name.characters.split(
                isSeparator:{$0 == ":" || $0 == "-"}).map(String.init)
            let n = words.first!
            print ("\(n): \(price)")
    }
}
```

1.2.4 REPL

REPL 表示 Read Eval Print Loop，它是一个位于交互层顶级的 shell，读取用户的表达式，进行逻辑运算，并打印结果。在 Swift 中，REPL 提供了一个即时的测试和开发环境。只要在命令行上运行 Swift，就进入了一个交互式环境。

Swift REPL 在创建函数时会一直保持着输入状态，这一点可以与后面要介绍的结构体和类进行对比。只需要输入表达式进行即时运算即可：

```
% swift
Welcome to Apple Swift version 2.0 (700.0.42.1 700.0.53).
Type :help for assistance.
```

```
  1> print("hello world")
hello world
  2> func greet() {
  3.     print("hello world")
  4. }
  5> greet()
hello world
  6> 1 + 2 + 3 + 4
$R0: Int = 10
```

1.2.5　Playground

Playground 是 Swift REPL 的加强版。从 Playground 中可以得到 REPL 的期望值，但是 Playground 的可视化程度更高，并提供了文档工具(见图 1-6)。Playground 可以让你探索 Swift 语言，测试程序，快速实现解决方案，钻研 Cocoa/Cocoa Touch API 以及创建灵活的交互式文档。

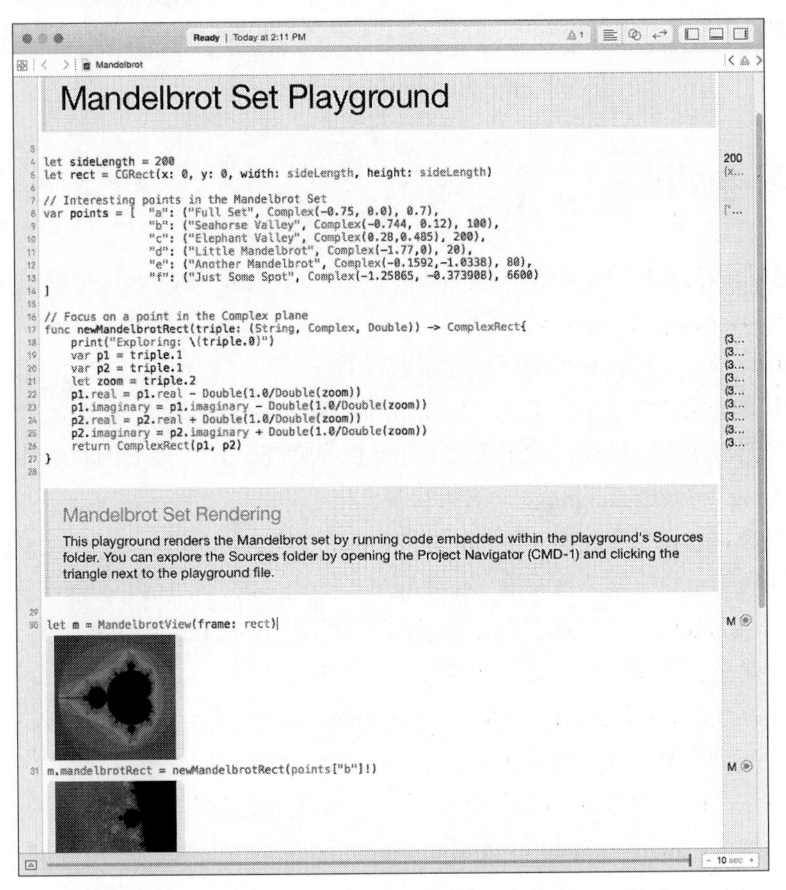

图 1-6　Apple 提供的该 playground 展示了 Mandelbrot 集合，显示了带有美丽的不规则碎片形分界的复杂数字

1.2.6 其他

在 WWDC 2015 上，苹果公司宣布对 Swift 语言进行开源，并为 iOS、OS X 以及 Linux 平台提供源码编译器。那些希望从其他平台上探索 Swift 语言的开发人员可以使用在线解释程序。Swiftstub(http://swiftstub.com)使从任何网络浏览器进行 Swift 编程成为可能(见图 1-7)。

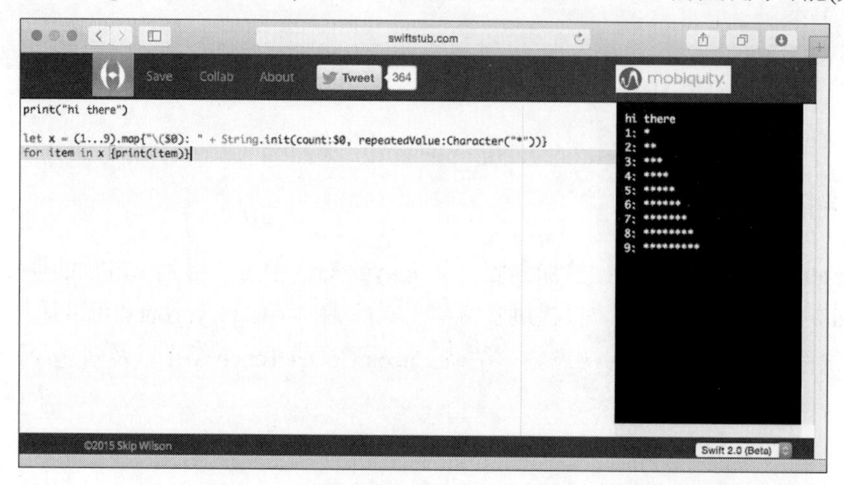

图 1-7　从任何网络浏览器与 Swift 进行交互

1.3 学习 Swift

本书既不是入门教程，也不是详细的参考指南。Apple 的 iBooks 中提供了免费的电子书 *The Swift Programming Language*，下载该书，可以在工作中参考书中的章节。一个全面的 Revision History 部分，可以让你更好地探索语言的变化。

第二本苹果公司的电子书是 *Using Swift with Cocoa and Objective-C*，该书也是非常重要的。它概述了两种语言互操作性的主题和调用 API 的细节。由于该书的紧凑性，该书的篇幅比 *The Swift Programming Language* 一书短得多。

这两本书都可以在苹果公司的网站以及 iBooks 中找到。与 iBooks 有限的书籍相比，笔者更喜欢网络搜索引擎。网络搜索除了使用精确的短语匹配外，还可以使用布尔子句。与此相反，iBooks 搜索仅限于文字和页码。常见的单词匹配(例如 for 或 Switch)在 iBooks 中的处理令人非常不满意。与流行的搜索引擎相比，它并不支持上下文关联匹配。

苹果公司在线的 Swift Standard Library Reference(从网页中搜索它，因为它的网址会定期更改)提供了对 Swift 中不可或缺的基本功能层的概述。它提供了基本数据类型、常见数据结构、函数、方法和协议的概述。如果你停止了对 Swift 语言的基础学习，那么就错过了语言表现力的核心部分。SwiftDoc(http://swiftdoc.org)为 Swift 的标准库提供了自动生成的文档。这与在 Xcode 中按着 Command 键单击标识符所提示的内容相同，只不过现在是更易于阅读的网页。这是一个非常棒的资源。

苹果公司的 Swift 博客(https://developer.apple.com/swift/blog/)大约一个月更新一次，但它的覆盖范围包括不可错过的与语言特点及案例研究相关的主题。其官方声称要窥探 Swift 设计背后的场景，但其关注焦点则是如何让文章更为实用。博客的资源页面(https://developer.apple.com/swift/resources/)还提供了一套 Swift 基础的链接和 Xcode 资料，包括 iTunes U 课程、视频、示例代码，以及到官方的 Swift Standard Library Reference 的链接。

苹果开发者论坛 Apple Developer Forums(https://forums.developer.apple.com/community/xcode/swift)被重新设计，它可以供 Swift 开发工程师访问，工程师们在这里展开激烈的讨论，并提供最新的信息。在老论坛网站(https://devforums.apple.com/index.jspa)上可以通过 Developer Tools | Language | Swift 导航找到已经被归档的 Swift 语言的重要信息。

ASCII WWDC(http://asciiwwdc.com)也是一个令人惊奇的网站。你可以通过输入关键字来搜索往年的 WWDC 上的话题。这个网站可以帮助你追踪 Swift 语言的具体报告和支持 Swift 开发的 Xcode 工具。

如果你使用同行们推荐的互联网聊天工具 Relay Chat(IRC)，在 Freenode(chat.freenode.net)网站的#swift-lang 聊天室中会提供专业级的编码建议。它是一个为语言专门创建的聊天室，如果你需要询问有关操作系统 API 的问题，请访问#iphonedev 或#macdev 聊天室。最后一个聊天室是#cocoa-init，它是一个专门帮助指导 iOS 和 OS X 开发新手的聊天室。

1.4　小结

关于 Swift，苹果公司将致力于重新定义它的开发者工具套件。Swift 2.0 代表这一旅程的开始，而不是结束。它的工具、模块和语言本身将会在可预见的将来继续增长。此时，Swift 停留在一个没有终点的地方。

作为最佳实践，结合设计模式，现在是时候将代码转换到有光明未来的新技术上去。本书接下来的几章中总结了 Swift 开发的重点领域。这些章节将指导你选择需要学习的那些领域，并为你提供来之不易的技术，让你融入代码中去。

祝你好运！

第2章

打印与映射

虽然编程的重点是通过代码来构建产品，但是不要忘记代码为开发人员和最终用户提供服务。代码不仅仅用来编译，它还应该具备易于理解、条理清楚、高效执行等特点。Swift和Xcode都支持元开发(meta-development)任务的技术，该技术在调试和开发文档方面对你有帮助。本章介绍开发人员面临的语言特性，包括打印(printing)、映射(mirroring)、快速查找(Quick Look)和快速帮助(Quick Help)。每个特性都十分有用，值得你花费精力和时间来学习。

本章讨论的特性涵盖了所有范围内的输出场景，从面向用户的写操作到面向开发者的调试支持，并重点讨论了后者。本章除总结上述技术外，还探讨了如何准确地建立反馈并输出适合调试和开发需求的文档。

2.1 基础打印

Swift 中的 print 函数为显示几乎所有的值都提供了一个简单的方法。下面是一个输出“Hello World”的简单示例：

```
// Outputs "Hello World" with line feed
print("Hello World")
```

正如上述示例所示，调用print函数，为该函数提供一个参数——该例中提供了一个字符串参数——并让该函数输出传入的值。可以使用print函数打印任何值，比如数字、结构体、枚举等。只需把打印的内容放入括号中即可，如下所示：

```
print(23) // prints 23
```

```
print(CGPoint(x: 50, y:20)) // prints(50.0, 20.0)

enum Coin{case Heads, Tails}
print(Coin.Heads) // prints Coins.Heads

func plus1(x: Int) {x + 1}
print(plus1) // prints (Function)
```

输出一些值(如 Coins.Heads)的默认值要比输出另一些值(如(Function))更有意义。在每个Swift 的版本更新中，苹果公司将继续改善打印的默认值。

当默认的输出内容不适合你的需求时，可以对它进行自定义。Swift 不断发展和完善其表现形式。如今几乎所有的标准打印结果都是可用的, 但是有些不完善。

2.1.1　打印多个条目

Swift 支持多个 print 参数。print 函数的声明如下所示:

```
public func print(items: Any..., separator: String = default,
   terminator: String = default)

public func print<Target: OutputStreamType>(items: Any...,
   separator: String = default, terminator: String = default,
   inout toStream output: Target)
```

在每次调用的函数中，items 标签后紧跟的是 Any…类型，表示该函数支持可变参数(即参数的个数可以改变)。这意味着一次可以打印多个值。

```
print(value1, value2, value3)
```

Any 类型表示在参数列表中可以将多种数据类型进行混合和匹配:

```
print("String:", myStringValue, "Int:", myIntValue, "Float:", myFloatValue)
```

与 printf 或 NSLog 不同，print 函数没有使用格式化字符串和参数来创建输出格式。这似乎不太灵活，但它加强了运行时安全。虽然函数的默认实现不提供输出精度和对齐方式，但你可以通过 String 类来实现(通过一个基于格式化的初始化器)或通过自定义协议和独立函数来打印多个值。

如第 4 章所述，可以通过扩展 ConvertibleNumberType 协议来添加一个精度特性:

```
public extension ConvertibleNumberType {
   public func toPrecision(digits: Int) -> String {
```

```
        if digits == 0 {return "\(lrint(self.doubleValue))"}
        let factor = pow(10.0, Double(digits))
        let trunc = round(self.doubleValue * factor) / factor
        var result = String(trunc)
        while result.rangeOfString(".")?
            .startIndex.distanceTo(result.endIndex) < (digits + 1) {
            result += "0"
        }
        return result
    }
}
```

可以很容易地扩展这个概念，以引入 padding(内边距)、十六进制/八进制/二进制以及其他标准的格式化特性。

2.1.2　添加条目分隔符

separator 参数是可选的，它为参数中每一对打印的条目添加一个文本字符串。下面的调用会打印一个由逗号分隔的整数列表：

```
print(1, 5, 2, 3, 5, 6, separator:", ") // 1, 5, 2, 3, 5, 6
```

使用 separator 参数为打印条目间提供视觉分隔符。当没有指定分隔符时，默认值是一个空格(" ")。

2.1.3　字符串插值

Swift 可以通过字符串插值(String Interpolation)在字符串中嵌入要输出的数值。为了输出或者为外部使用者提供字符串，可以将数值或表达式封装在\()中。下面是字符串插值的示例，有点类似基本数值的使用：

```
let value = 23
print("Value: \(value)") // prints Value: 23
let square = value * value
print("The square of \(value) is \(square)")
    // prints The square of 23 is 529
```

也可以省去中间变量，插入一个简单的表达式：

```
print("The square of \(value) is \(value * value)")
```

在本章前面的多个值输出示例中，使用了以下调用方式：

```
print("String:", myStringValue, "Int:", myIntValue, "Float:", myFloatValue)
```

输出的结果如下所示，但这看上去并不完美：

```
String: Hello Int: 42 Float: 2.0
```

通过添加逗号分隔符，输出结果并没有改善：

```
print("String:", myStringValue, "Int:", myIntValue,
    "Float:", myFloatValue, separator: ", ")
// String:, Hello, Int:, 42, Float:, 2.0
```

在下面的调整中，字符串插值显示了它的优势：

```
print("String: \(myStringValue)", "Int: \(myIntValue)",
    "Float: \(myFloatValue)", separator: ", ")
String: Hello, Int: 42, Float: 2.0
```

在 print 语句块中，标签和值通过字符串插值的方式关联在一起，然后将分隔符应用到标签/值对中。

对于短而精准的插入使用嵌入式表达式。复杂的字符串插值容易使那些尚未成熟和稳定的编译器产生迷惑。

```
let count = "hello".characters.count
print("The count is \(count)")
```

在字符串中插入的数值要与预期输出的结果相匹配。当自定义实例描述本身时，在该描述中使用字符串插值并打印输出。

2.1.4 控制换行符

默认情况下，print 会在标准输出中追加一个换行符。print 函数中的 terminator 参数控制终止字符串。其默认值是一个标准的换行符"\n"。为了在打印的一行中去掉回车符，把" "或任何其他非换行符的字符串赋给 print 函数的 terminator 参数。下面的示例将 Hello 和 World 在一行中打印，并在结束时进行回车换行：

```
// Outputs "Hello World" followed by carriage return
print("Hello ", terminator: "")
print("World")
```

略过回车符，将多个结果显示在一行上。if 语句可以让你选择组合在一起的元素。在下面的代码片段中，输出一个视图的标记、所存储的约束的个数以及外部约束引用，前提是这些值是有效值。

```
print("[\(debugViewName) \(frame)", terminator: "") // start of line
if tag != 0 { // optional
    print(" tag: \(tag)", terminator: "")
}
if viewConstraints.count > 0 { // optional
    print(" constraints: \(viewConstraints.count)", terminator: "")
}
if constraintsReferencingView.count > 0 { // optional
    print(" references: \(constraintsReferencingView.count)",
    terminator: "")
}
print("]") // end of line
```

下面的示例演示了如何使用 terminator 参数将标签和结果有序地组合在一起。这个代码片段将长字符初始化器放入自己的 print 语句中:

```
// Create star output
for n in 1...5 {
    print("\(n): ", terminator: "")
    print(String(count: n, repeatedValue: Character("*")))
}
```

上述代码的输出结果如下：

```
1: *
2: **
3: ***
4: ****
5: *****
```

IRC 服务器通常要求发送\r 和\n 作为每行的终止符。如果你正在编写一个客户端，就可以通过调整 terminator 参数来自动实现上述效果，如下所示：

```
print(myText, terminator: "\r\n", toStream: &myIRCStream)
```

在上述示例中，为 IRC 通信自定义了一个目标流。在下一节中将看到这样的输出流。

2.2 秘诀：打印自定义目标

为了重定向默认的 stdout 目标中的输出函数 print，需要创建一个遵循 OutputStreamType 协议的结构体。此协议需要实现一个 write 函数，该函数将字符串数据发送给你选择的输出目标：

```
protocol OutputStreamType {
    /// Append the given `string` to this stream.
    mutating func write(string: String)
}
```

以下是一个使用 fputs 将内容写入 stderr 的普通示例：

```
/// StderrStream conforms to OutputStreamType
public struct StderrStream: OutputStreamType {
    static var shared = StderrStream()
    public func write(string: String) {
        fputs(string, stderr)
    }
}
```

将标准错误输出流添加到自定义的 print 语句中。该代码段创建了一个新的实例并打印，为 toStream 和 terminator 参数提供数值：

```
// Print "Hello World" to stderr
print("Hello ", terminator: "", toStream: &StderrStream.shared)
print("World", toStream: &StderrStream.shared)
```

在上述示例中，shared 被声明为类的可变静态属性。遵循 OutputStreamType 协议的结构体必须可变，因为每个流作为一个 inout 参数传给 print 函数。在你的打印请求中，使用 inout 前缀(&)来注释流。

Swift 可以使用复制回写(copy-and-write-back)机制对 inout 参数的值进行修改。这是打印时所必需的，因为输出流可能会突然改变它们的对象。正如下一节中所遇到的那样，当直接打印字符串时就会遇到这种易变性。

2.2.1 打印字符串

OutputStreamType 协议也适用于 Swift 中的 String 类型。这种一致性意味着可以使用 print 输出字符串和文件流。下面是一个打印字符串“Hello World”的示例：

```
var s = ""
print("Hello World", toStream: &s) // s is "Hello World\n"
print(s)
```

当这条 print(s) 语句执行时，它将写入两个回车符。一个是在打印该字符串时添加的；另一个是在该字符串被 stdout 打印时添加的。为了避免额外换行，在构建字符串或打印时要跳过换行符：

```
s = ""
print("Hello ", terminator: "", toStream: &s)
print("World", terminator: "", toStream: &s)
print(s) // "Hello World" plus newline
```

更常见的是，你要使用的情况正好与上例相反。需要在每个打印请求上添加回车符，以构建一个带有换行的日志，而不是抑制换行。这种常用的方式如下面的示例所示：

```
var log = ""
print("\(NSDate()): Hello World", toStream: &log)
print("\(NSDate()): Hello World", toStream: &log)
print("\(NSDate()): Hello World", toStream: &log)
print(log, terminator: "")
```

在上述示例中，每次调用 print 函数时，log 变量的值都会增长。可以对上述结果进行打印(如上所示)，或将其保存到文件中，或放到文本视图上展示给用户。甚至可以在每次调用 print 函数时使用属性观测器(如 didset)来更新文本视图。将字符串插值与字符串打印相结合，可以为数据中文本的迭代增长提供一种简单而强大的方式。

2.2.2　打印自定义输出流

秘诀 2-1 扩展了自定义输出流，为了更灵活地使用打印函数，在上述扩展中只有 stderr 对自定义输出流进行打印。预定义的 stderr()和 stdout()构造函数可以让你获取现成的流。该代码清单为一些典型用例构建了两个公共的输出流。

这个类还可以通过一条路径进行初始化，然后将内容打印到相应的文件中。该构造函数中还有一个可选的 append 参数(默认为 false)，可以防止打开文件时再次重写文件中的内容：

```
if var testStream = OutputStream(
   path: ("~/Desktop/output.txt" as NSString).stringByExpandingTildeInPath) {
   print("Testing custom output", toStream: &testStream)
   print("Hello ",terminator:"", toStream: &testStream)
   print("World", toStream: &testStream)
```

```
        print("Output sent to \(testStream.path)")
    } else {
        print("Failed to create custom output")
    }
```

该秘诀围绕一个类的实现而构建。它增加了一个重要的析构器(deinitializer)，如果该类被用来构建实例，那么可以在析构器中关闭被打开文件的指针。这个例子很好地说明了 deinit 优于 defer 语句。输出流的生命周期通常比其作用域长，这是 defer 清理的局限性所在。

秘诀 2-1 可配置的输出流

```
public class OutputStream: OutputStreamType {
    let stream: UnsafeMutablePointer<FILE> // Target stream
    var path: String? = nil // File path if used

    // Create with stream
    public init(_ stream: UnsafeMutablePointer<FILE>) {
        self.stream = stream
    }

    // Create with output file
    public init?(var path: String, append: Bool = false) {
        path = (path as NSString).stringByExpandingTildeInPath
        if append {
            stream = fopen(path, "a")
        } else {
            stream = fopen(path, "w")
        }
        if stream == nil {return nil}
        self.path = path
    }

    // stderr
    public static func stderr() -> OutputStream {
        return OutputStream(Darwin.stderr)
    }

    // stdout
```

```
    public static func stdout() -> OutputStream {
        return OutputStream(Darwin.stdout)
    }

    // Conform to OutputStreamType
    public func write(string: String) {
        fputs(string, stream)
    }

    // Clean up open FILE
    deinit {
        if path != nil {fclose(stream)}
    }
}

// Pre-built instances
public var errStream = OutputStream.stderr()
public var stdStream = OutputStream.stdout()
```

2.3　秘诀：打印和字符串格式化

NSLog 是 Cocoa 中打印日志的标准方式。NSLog 也可以在 Foundation 框架中使用，NSLog 的主要功能是使用格式字符串来构造日志消息，以便将这些消息发送给标准错误(standard error)或者系统控制台。与 print 不同，NSLog 支持标准的%分隔的格式说明符以及苹果公司提供的扩展。苹果公司的 *String Programming Guide* 详细介绍了其支持和扩展的 IEEE printf 规范(参见 http://pubs.opengroup.org/onlinepubs/009695399/functions/printf.html)。

可以传给 NSLog 一个格式字符串，在该字符串后紧跟一个兼容 Objective-C 参数的可变参数列表：

```
NSLog("Dictionary: %@, Double: %0.2f", ["Hello":3], 2.7)
```

这些参数与嵌入格式字符串中的说明符一一对应。将格式说明符与参数列表进行组合将是一个连贯的字符串文本。

2.3.1 Swift 和格式说明符

Swift 支持格式说明符，它是一种为标准库提供创建和初始化字符串的方法：

```
/// Returns a `String` object initialized by using a given
/// format string as a template into which the remaining argument
/// values are substituted according to the user's default locale.
init(format: String, arguments: [CVarArgType])
```

这个初始化器允许你自定义一个类似于 NSLog 的日志输出器 SWLog。秘诀 2-2 将字符串格式化同秘诀 2-1 中的 errStream 进行组合，从而创建了一个最小的 stderr：它打印到标准错误输出中，但不输出到系统控制台。该实现为每条日志减小了打印时间显示的长度，仅仅把分钟、秒以及秒的小数部分展示给用户，NSLog 则会把所有的时间输出，如下面的示例所示：

```
SWLog("Hello world") // no args
SWLog("Formatted double: %2.3f", 5.2) // one arg
SWLog("Double plus string %2.3f, %@", 5.2, "Hello world") // multiple
```

输出结果如下：

```
55:40.706: Hello world
55:40.707: Formatted double: 5.200
55:40.708: Double plus string 5.200, Hello world
```

2.3.2 格式化的局限性

不能用格式参数来表达 Swift 中的结构，如枚举、函数和结构体，因为它们不遵循 CVarArgType 协议。下面的示例代码会产生编译时错误：

```
SWLog("Struct: %@, Int: %03zd", CGPoint(x: 50, y: 20), 5)
```

但是可以使用 Swift 字符串插值来实现字符串的格式化：

```
SWLog("Struct: \(CGPoint(x: 50, y: 20)), Int: %03zd", 5)
```

如果插入的内容包含任何看起来像%的标记，格式化就可能会被终止，甚至导致应用崩溃。这很容易造成潜在的格式错误，虽然它可以通过编译，但会在运行时崩溃。编译并执行下面的示例，在该例中看一下上述问题：

```
let formatSpecifierInsert = "%s %ld"
```

```
let s = String(format:
    "Hello \(formatSpecifierInsert) %@", arguments: ["world"])
```

这可能不是你希望的结果。

几乎在所有情况下，Swift打印和字符串插值会比使用格式说明符更为安全，因为Swift可以在编译时确定字符串插值是否安全。

2.3.3　条件编译

在秘诀 2-2 中调试和发布配置的日志输出是不同的。SWLog 函数中的构建配置测试为条件编译(#if DEBUG)使用了命令行标记。该函数只有在 DEBUG(调试)模式下才能打印。

图2-1显示了如何添加DEBUG标记。导航到TARGETS | Your Target | Build Settings | Other Swift Flags，选择 Debug 配置并添加–D DEBUG。当编译它时，Swift 会检测到该标记，可以通过它来判断是包含还是排除#if 中的内容。

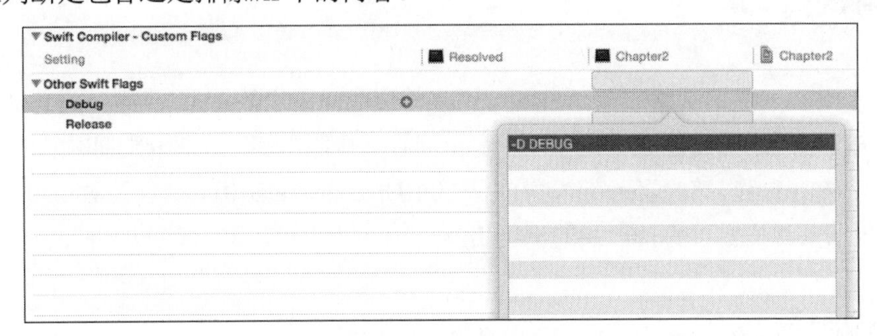

图 2-1　在 Build Settings 中添加标记来区分 Debug 和 Release 配置

注意：

不能为 Playground 添加构建配置。虽然可以使用一个预定义的配置套件为 Playground 添加构建条件，但是不能添加依赖于开发人员定义的标志的编译测试。内置测试包括 OS(OSX、iOS、watchOS、tvOS)和目标架构(x86_64、arm、arm64、i386)。可以使用 || 或操作符来组合测试，这在创建跨平台代码时非常有用，跨平台即意味着不仅仅可以运行在 OS X 和 iOS 上，也可以在其他新平台上运行。

秘诀 2-2　自定义日志输出

```
internal func BuildSimpleTimeFormatter() -> NSDateFormatter {
    let dateFormatter = NSDateFormatter()
    // Alternatively pass mmssSSS. Extraneous punctuation is ignored
    dateFormatter.dateFormat =
        NSDateFormatter.dateFormatFromTemplate("mm:ss:SSS",
            options: 0, locale: NSLocale.currentLocale())
```

```
    return dateFormatter
}
internal let dateFormatter = BuildSimpleTimeFormatter()

public func SWLog(format: String, _ args: CVarArgType...) {
    #if DEBUG
        // Prints only for DEBUG build configurations
        let timeString = dateFormatter.stringFromDate(NSDate())
        print("\(timeString):",
            String(format: format, arguments: args), toStream: &errStream)
    #endif
}
```

2.4　调试打印

Swift的 debugPrint()函数面向开发者，用来替代面向用户的print()函数。与普通打印命令不同，调试打印显示的信息更适合开发者定位问题并排除故障。在调试打印中，"1..<6"会变成"Range(1..<6)"，创建“笑脸”(emoji表情)的方式由UnicodeScalar(0x1f601)变成"\u{0001F601}"。每一种输出结果都提供了支持开发的额外工具。

自定义输出流

可以对 print 和 debugPrint 进行自定义并将其集成到 Swift 结构中。这并不是说 Swift 的默认输出是不可接受的。考虑下面的 Point 结构体：

```
struct Point {
    var x = 0.0
    var y = 0.0
}
```

对于上述结构体的实例默认的输出结果为："Point(x: 1.0, y: 1.0)"。此输出字符串中包括类型名称和当前属性的值。在 Swift 2.0 中，几乎所有结构显示内容的可读性都是可接受的。虽然是可接受的，但是输出端没有确切的语义。该字符串可能与用户所期望的传统 Point 的表示方式(x, y)有所不同，也不支持开发人员可能需要的关于该点值计算的额外信息。

Swift 允许你为日志构建专用的表现形式，如 Playground 预览、LLDB 输出等。每项技术都是用协议构建的。对于流和字符串插值，print 和 debugPrint 函数把任务分配给两个开发者自定义的协议：CustomStringConvertible 和 CustomDebugStringConvertible。顾名思义，这些协议描述了将值转换为字符串的行为。每个都使用一个自定义的文本来表示属性——print 对应的是 description 属性，debugPrint 对应的是 debugDescription 属性。

```
/// A textual representation of `self`.
var description: String { get }

/// A textual representation of `self`, suitable for debugging.
var debugDescription: String { get }
```

如果只实现一个协议，那么就以这个协议为准。因此，如果你的 print 只有一个调试描述(debug description)，那么就会打印默认输出的调试描述，反之亦然。下面给出了 print 回退级联(fallback cascade)的工作方式：

- 如果实例遵循 Streamable 协议，在一个空字符串 s 上调用 instance.writeTo(s)就会打印 s。
- 如果实例遵循 CustomStringConvertible 协议，就返回该实例的 description。
- 如果实例遵循 CustomDebugStringConvertible 协议，就返回该实例的 debugDescription。
- 返回的值是通过 Swift 标准库提供的。

debugPrint 的回退级联可以改变前三个条目的优先级。文本表示形式使用以下偏好顺序：CustomDebugStringConvertible、CustomStringConvertible、Streamable。如果这些协议都不可用，Swift 会使用一个默认的表示文本。

以下代码段实现了 Point 结构体，并且遵循 CustomStringConvertible 和 CustomDebugStringConvertible协议：

```
struct Point: CustomStringConvertible, CustomDebugStringConvertible {
    var x = 0.0
    var y = 0.0
    var description: String {return "(\(x), \(y))"}
    var theta: Double {return atan2(y, x)}
    var degrees: Double {return theta * 180.0 / M_PI}
    var debugDescription: String {
        let places = pow(10.0, 3)
        let trunc = round(theta * places) / places
        return "(\(x), \(y)) \(degrees)°, \(trunc)"
    }
}
var p = Point(x:1.0, y:1.0)
print(p) // (1.0, 1.0)
debugPrint(p) // (1.0, 1.0) 45.0°, 0.785
```

2.5 秘诀：后缀打印

当开发和调试时，使用一个特殊操作符来打印值是很方便的。因为该操作符可以打印传给它的任何值，所以可以随时添加、测试和弃用它。

```
let x = 5
let y = 3
let z = x*** + y // prints 5
let v = (((3 + 4) * 5)*** + 1)*** // prints 35, then 36
let w = 1 + z*** // prints 8, w is now 9
```

秘诀 2-3 实现了这个操作符的两个版本，一个是实现标准打印的三颗星(***)操作符，另一个是实现调试打印的四颗星(****)操作符。将操作符嵌入到你想打印显示的任何表达式的右边。这个星带分隔的(star-delimited)方法使你可以进行全局查找和替换，以删除或注释打印请求。正如秘诀 2-3 所示，该操作符实现使用了 DEBUG 标记(与秘诀 2-2 类似)，防止该打印方式在 release 版本中出现。

看到这个操作符的每个人几乎都会有明显的厌恶感，但它的作用是不可否认的。在开发工具箱中，它是一个非常方便的操作符，特别是在 playground 上使用时。

秘诀 2-3 添加后缀打印操作符

```
postfix operator *** {}
public postfix func *** <T>(object: T) -> T {
    #if DEBUG
        print(object)
    #endif
    return object
}

postfix operator **** {}
public postfix func **** <T>(object: T) -> T {
    #if DEBUG
        debugPrint(object)
    #endif
    return object
}
```

2.6　快速查找

Xcode 和 Swift 实现了两种快速查找(Quick Look)技术。Quick Look for Custom Types(快速查找自定义类型)是 Xcode 预览 NSObject 类型(NSObject 的子类)实例的一种方式，可以把预览信息以清晰的、可视化的和可检查的方式展示给开发者。Playground Quick Look (CustomPlaygroundQuickLookable)扩展了预览 Swift 结构的功能。Swift 专用版仅适用于 Playground。一般的预览方式在 Playground 和 Xcode 调试器中都可以使用。

2.6.1　Quick Look for Custom Types

Xcode 5.1 首次引入 Quick Look for Custom Types(快速查找自定义类型)功能。Xcode 调试器允许你在弹出窗口中查看变量，该窗口中创建了一个表示对象内容的图形。图 2-2 展示了快速查找自定义类型的使用方式。

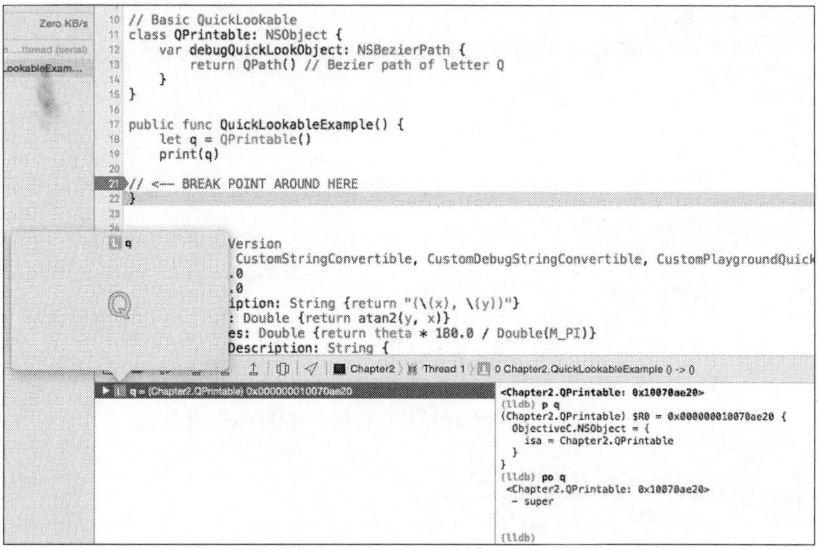

图 2-2　Debugger Quick Looks 将对象转换为定制的可视化表现形式

可以通过实现 debugQuickLookObject 方法来添加 Quick Look(没有相关的协议需要实现)。你的类必须由@objc/标记，并继承自 NSObject，这使得快速查找仅限用于 Swift 开发(你的 internal/public 类默认会由@objc 来标记，但私有类没有@objc)。该方法必须返回一个有效的 Quick Look 类型：图像、游标、颜色、贝塞尔(Bezier)路径、位置、视图、字符串(和特性字符串)、数据、URL，或 Sprite Kit 类。关于这些类型的细节请查看苹果公司的 *Quick Look for Custom Types in the Xcode Debugger* 支持文档。可以在网页中搜索这篇文档的最新版本。

在这个例子中，QPrintable 类包含的单一方法 debugQuickLookObject 是 Quick Look 预览所必不可少的方法。它返回一个由 Bezier 路径组成的字母 Q。在调试器中执行 p(打印表达式)和 po(打印对象)命令可确保这是一个类的实例，否则只包含一个指向 NSObject 基类的 isa 指针。当你选中调试器中的实例并按空格键时，Xcode 会渲染并显示相关的 Quick Look 弹框。

苹果公司的 *Quick Look for Custom Types* 中写道，“因为你的 debugQuickLookObject 方法运行在调试器中，此刻你位于暂停的应用中，所以实现此方法再合适不过。在将变量的状态表示为有用的可视化图形时，应该尽量编写少量的代码。记住在应用暂停时运行代码会产生副作用。如果可能的话，就对你想返回的条目进行缓存。”

2.6.2 Playground 中的 Quick Look for Custom Types

标准的 Quick Look 也可以在 Playground 中进行渲染(见图 2-3)，它是通过 Quick Look 按钮来访问的。如图 2-3 所示，Quick Look 也可以被嵌入到时间轴中(在第 11 行和第 12 行之间)使用历史值窗口进行显示。与调试器相比，Playground 提供的标准 Quick Looks 被限制在 NSObject 子类的范围内。幸运的是，Swift 现在有一个 Quick Look 协议可以更好地适用于非 Objective-C 结构。

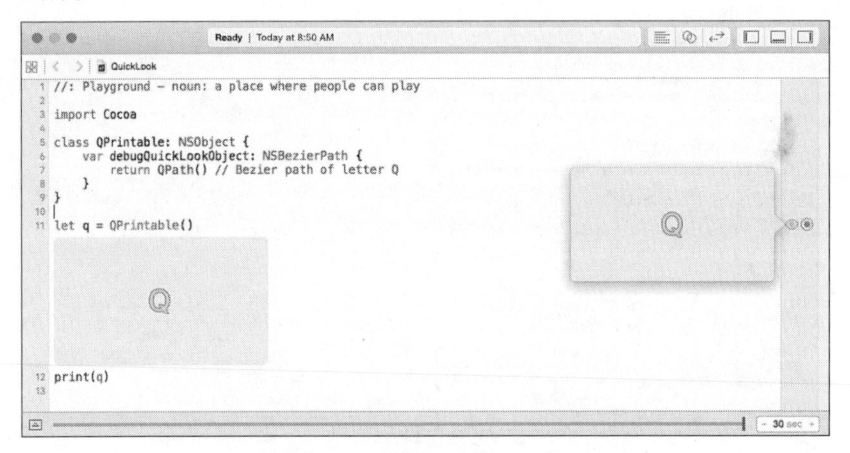

图 2-3 Playground 检测和显示标准对象的 Quick Looks

2.6.3 Playground Quick Looks

Swift 中的 Playground 可以渲染符合 Quick Look 的任何结构。许多系统提供的结构体、类和枚举类型已经提供了内置的实现方法。图 2-4 展示了在 Playground 的时间轴上显示这些现成的 Quick Looks。

从上到下，该 Playground 中首先展示了一个 color 实例。该实例由一个颜色样本和一个 RGBA 分解通道组成。接下来你看到的是一个 CGRect 结构体。它的展示包括一个带有高和宽的原点。这个成比例的预览可以让你直观地看到长方形的形状。在最下方你会看到一个带有自定义字体和线条格式的特性字符串。

笔者特别喜欢 CGRect 的输出方式。它提供了一个笔者最喜欢的内置 Quick Look 预览。无法想象在许多情况下你需要勾勒出一个长方形的情形(想想看)，但是这个概览中的布局是令人欣喜的。上面的演示将结构体表示的区域同其固有的几何图形进行了关联，这种设计一目了然。值得注意的细节是，不同的标签和值有着不同颜色的字体，并用一个小圆点强调矩形的原点。

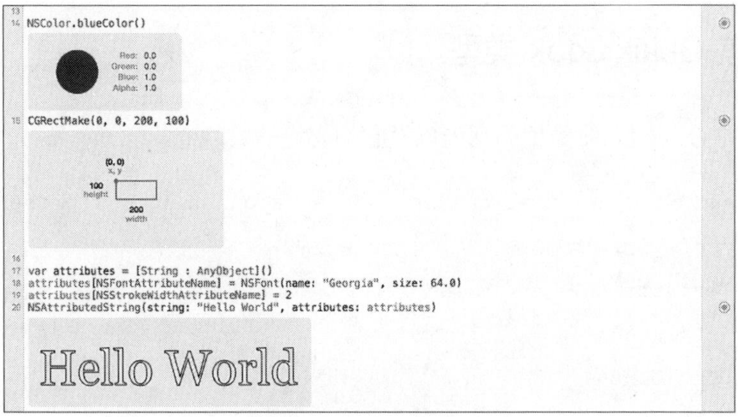
NSColor.blueColor()
Red: 0.0
Green: 0.0
Blue: 1.0
Alpha: 1.0
CGRectMake(0, 0, 200, 100)
(0, 0)
x, y
100
height
200
width
var attributes = [String : AnyObject]()
attributes[NSFontAttributeName] = NSFont(name: "Georgia", size: 64.0)
attributes[NSStrokeWidthAttributeName] = 2
NSAttributedString(string: "Hello World", attributes: attributes)
Hello World

图 2-4　许多基类提供了内置的 Quick Looks

这种表现方式激发了笔者创建自己的 Quick Look 预览的兴趣。你的 Quick Looks 根据需求可以复杂，也可以简单。如果你发现创建一个比实际类的 Quick Look 展示更令人兴奋的 Quick Look(这些效果最终用户将不会看到)要花费更多的时间，就可能要重新评估优先级了。

2.6.4　为 Playground 创建自定义 Quick Look

当你的实例不支持内置 Quick Look 选项或者你想要增强 Quick Look 的功能时，就应添加自定义支持。Swift 可以方便地创建 Quick Look 条目来表示诸如图像、路径、精灵等结构。为此，只需要遵循 CustomPlaygroundQuickLookable 协议并实现返回 PlaygroundQuickLook 枚举成员的 customPlaygroundQuickLook()方法即可。

在为自定义结构创建 Quick Look 时，通常会用上已经存在的内置 Quick Look。在图 2-5 中，Point 类重定向了有着相似名称的枚举项 PlaygroundQuickLook.Point。这种抽象结构表示与内置枚举一一对应的关系。这种巧合并不总是十分完美，但通常你至少可以构建一个字符串或一张图片，以有表现力的和语义上有价值的方式来表示结构。

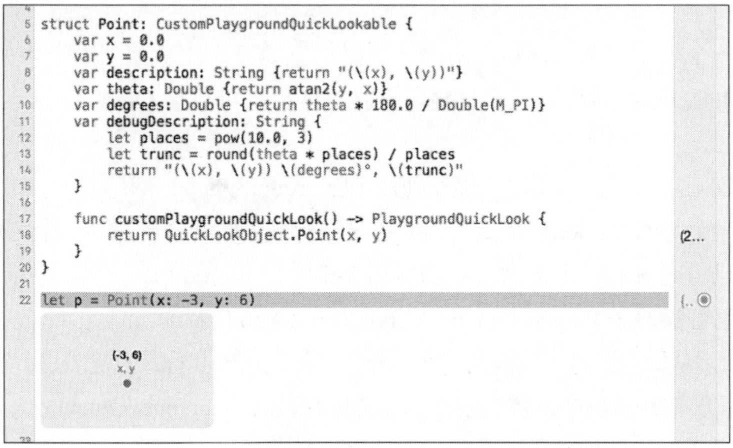
struct Point: CustomPlaygroundQuickLookable {
var x = 0.0
var y = 0.0
var description: String {return "(\(x), \(y))"}
var theta: Double {return atan2(y, x)}
var degrees: Double {return theta * 180.0 / Double(M_PI)}
var debugDescription: String {
let places = pow(10.0, 3)
let trunc = round(theta * places) / places
return "(\(x), \(y)) \(degrees)°, \(trunc)"
}
func customPlaygroundQuickLook() -> PlaygroundQuickLook {
return QuickLookObject.Point(x, y)
}
}
let p = Point(x: -3, y: 6)
(-3, 6)
x, y

图 2-5　该 Playground Quick Look 以内置 Point 为基础而构建

2.6.5　内置 Quick Look 类型

下面是当前 Quick Look 类型的列表以及它们支持的关联值：

```
/// The sum of types that can be used as a quick look representation.
enum PlaygroundQuickLook {
    case Text(String)
    case Int(Int64)
    case UInt(UInt64)
    case Float(Float32)
    case Double(Float64)
    case Image(Any)
    case Sound(Any)
    case Color(Any)
    case BezierPath(Any)
    case AttributedString(Any)
    case Rectangle(Float64, Float64, Float64, Float64)
    case Point(Float64, Float64)
    case Size(Float64, Float64)
    case Logical(Bool)
    case Range(UInt64, UInt64)
    case View(Any)
    case Sprite(Any)
    case URL(String)
}
```

必须返回一个枚举实例，该实例由确认类型的值填充。如从该列表中所见，其中大部分与 PlaygroundQuickLook 的枚举项相重叠，并且这些类型可以在 Quick Look 自定义类型时被返回。

作为一项规则，当类型可用时，优先使用 PlaygroundQuickLook 类型。如图 2-6 所示，如果需要自定义一个 Quick Look，就要创建一种表现形式，如一幅图像、一个图形或一个描述，并且返回一个已填充值的枚举实例。该例将图 2-5 中的 customPlaygroundQuickLook()函数返回的点的枚举值替换成了 PlaygroundQuickLook.BezierPath(path)。

箭头路径表示从原点到该点实例的一个向量。一张包括轴和标尺的完整图，能提供更有价值的可视化的展示方案(在该例中，需要创建一幅图像并返回 PlaygroundQuickLook.Image(image))。通常，你需要评估和权衡开发自定义 Quick Looks 的成本和收益。

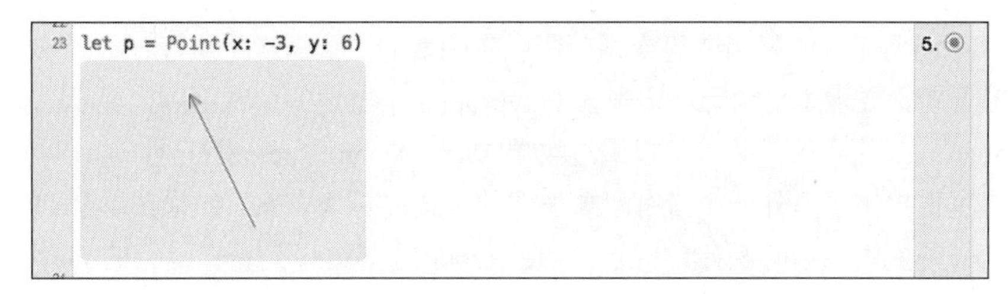

图 2-6　该自定义 Quick Look 返回原点到该点的路径

2.6.6　第三方渲染

图 2-6 中自定义的 Playground Quick Looks 所展示的箭头似乎有些粗糙。如图 2-7 所示，第三方库和 Web 服务可以使你有效地构建 Swift 结构的可视化内容。该 Playground 显示的 Quick Look 是由 Google Charts 构建的，如 Google、Wolfram Alpha 等一些服务商会提供一些经过良好测试并易于使用的工具，这些工具会帮助你渲染一些实例。

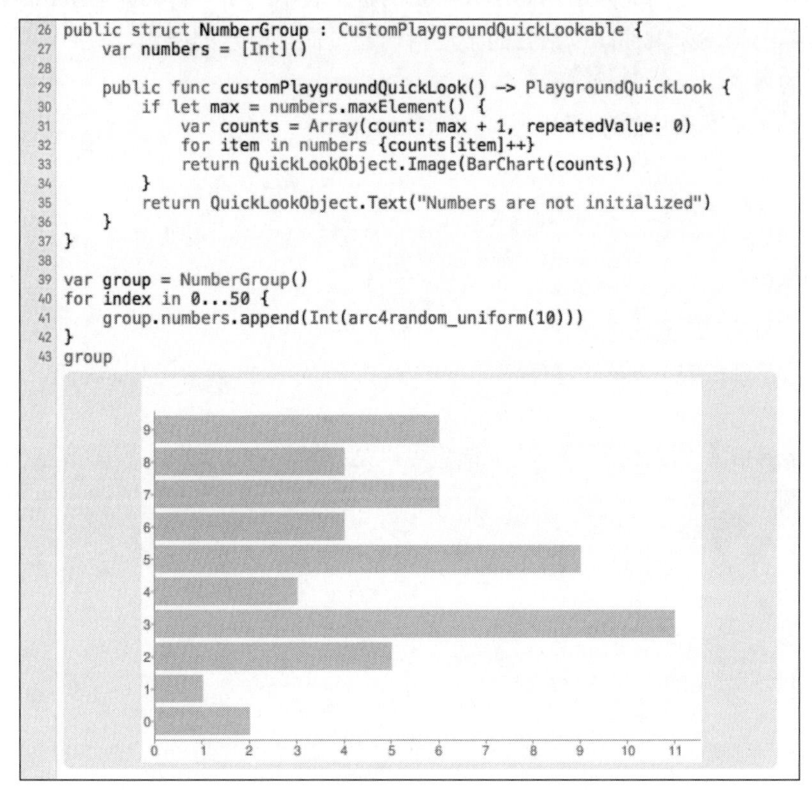

图 2-7　此Quick Look的描述使用Google Charts构建。虽然Charts仍然可以使用，但在 2012 年已被正式弃用

基于 Web 的渲染有一定的风险，例如连接错误和连接延迟。如图 2-7 中的第 35 行所示，总是准备回退可视化与非现场演示文稿。此外，还要考虑服务器的负荷，因为在 Playground 编辑后要不断地更新。

考虑 API 调用频率的限制或每次调用所产生的费用，从而产生执行任务的实际成本。可以禁止实时更新，要求手动执行。可以在 Playground 左上角的调试区弹出显示。调试区通常显示在 Playground 的底部，并且可以通过菜单 View | Debug Area 来打开。

可视化库也提供了另外一个带有附加说明的可选择解决方案。如果在单个 Playground 中使用，它们必须提供原始的 Swift 代码，以便 Xcode 将其编译到正在运行的 Playground 页面中。否则，就必须使用自定义模块建立一个工作区，位于工作区中的 Playground 可以访问数据包。无论你是使用基于服务的渲染还是使用基于库的渲染，这两种方法都改善了 Playground 对数值的显示。

2.7 使用 Dump 函数

Swift 为审查结构提供了另一种机制。dump()函数可以像 print()和 debugPrint()那样打印输出流，但它可以创建专门面向结构的结果。它的输出表示一个条目的映射(mirror)——也就是表示一个类型的描述和组件，包括它的子逻辑。通过提出检查的结构，映射函数和协议创建了一个简单的日志记录的替代方法。

下面是一个点结构体的示例：

```
struct Point {
    var x = 0.0
    var y = 0.0
    var theta: Double {return atan2(y, x)}
    var degrees: Double {return theta * 180.0 / Double(M_PI)}
}
```

调用 dump()函数时，传入一个值。该值可以是任何类型，如类、枚举或结构体，在该例中是一个实例：

```
let p = Point(x: -3.0, y: 6.0)
dump(p)
```

此请求的输出如下：

```
▽ Chapter2.Point
  - x: -3.0
  - y: 6.0
```

在上述示例中，逻辑上的子节点是结构体的 x 和 y 属性。值类型(枚举、元组和结构体)可以自动标记和缩进。引用类型使用一种更为传统的 Objective-C 风格进行展示。

下面是 dump 在标准库中的声明。如你所见，dump 提供了一个相当全面的可定制的属性列表，但几乎不直接使用它们。可以在代码中使用 dump(如使用 dump(x)) 或者从调试器中进行打印，如图 2-8 所示。

```
/// Dump an object's contents using its mirror to the specified output stream.
func dump<T, TargetStream: OutputStreamType>(x: T,
    inout _ targetStream: TargetStream,
    name: String? = default,
    indent: Int = default,
    maxDepth: Int = default,
    maxItems: Int = default) -> T
```

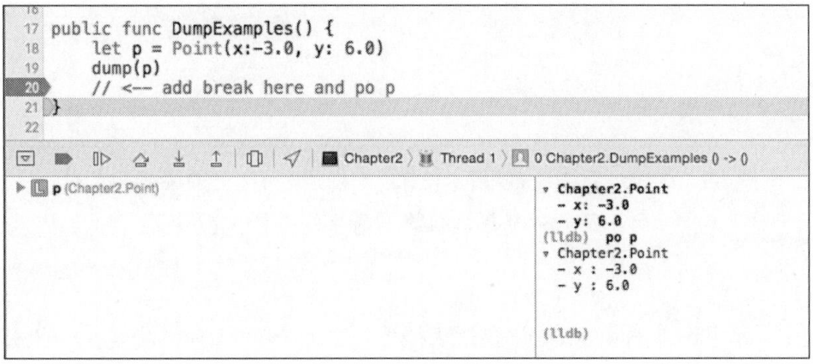

```
17 public func DumpExamples() {
18     let p = Point(x:-3.0, y: 6.0)
19     dump(p)
20     // <-- add break here and po p
21 }
22
```

```
Chapter2 > Thread 1 > 0 Chapter2.DumpExamples () -> ()
p (Chapter2.Point)
▾ Chapter2.Point
  - x: -3.0
  - y: 6.0
(lldb) po p
▾ Chapter2.Point
  - x : -3.0
  - y : 6.0

(lldb)
```

图 2-8　在 Swift 结构中，使用 po 命令对构造的映射进行输出

2.8　构建自定义映射

默认情况下，dump()可以描述 Swift 结构中的结构体。这些信息虽然有些帮助，但有一定的局限性。自定义映射使你能够扩展输出，以表示实例中的内容以及附加的语义。考虑图 2-9 中的内容。调试器输出显示了 dump()的默认内容并且增加了对象的 po / expr -O 输出。除了显示原始的 x 和 y 值，结果中还包括一些衍生的信息：该点相对于原点的弧度和角度。

自定义映射在 Swift 2.0 中引入。开发者设计的映射使你能够在应用中展示原始内容和该内容所表示的语义。在本章前面的内容中，介绍了一个结构体和语义转换的示例(涉及 CustomStringConvertible 和 CustomDebugStringConvertible 协议)。在没有自定义映射的情况下，输出的工作原理如下：遵循 CustomDebugStringConvertible 协议是首选，其次是遵循 CustomStringConvertible 协议。当两个协议都没有被实现时，就仿照 Objective-C 类进行输出。

映射主要有两个不同之处。首先，与自定义的 print 和 debugPrint 输出不同，自定义映射通常将结果输出到调试器或 Playground 中，而不是输出到文件中或直接输出字符串。其次，你通常把自定义映射通过字典的方式，而不是字符串，来进行输出。

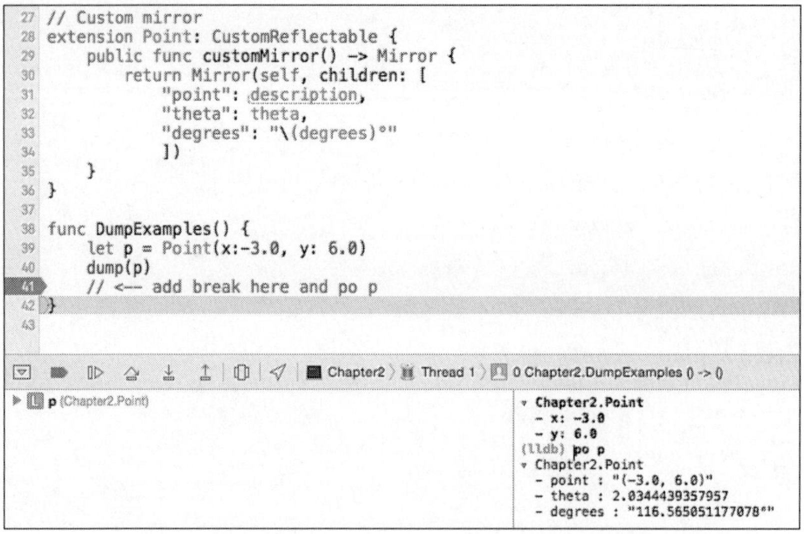

```
27 // Custom mirror
28 extension Point: CustomReflectable {
29     public func customMirror() -> Mirror {
30         return Mirror(self, children: [
31             "point": description,
32             "theta": theta,
33             "degrees": "\(degrees)°"
34             ])
35     }
36 }
37
38 func DumpExamples() {
39     let p = Point(x:-3.0, y: 6.0)
40     dump(p)
41     // <-- add break here and po p
42 }
43
```

```
Chapter2 〉 Thread 1 〉 0 Chapter2.DumpExamples () -> ()
p (Chapter2.Point)

▾ Chapter2.Point
  - x: -3.0
  - y: 6.0
(lldb) po p
▾ Chapter2.Point
  - point : "(-3.0, 6.0)"
  - theta : 2.0344439357957
  - degrees : "116.565051177078°"
```

图 2-9　添加一个自定义映射，使你能够创建语义丰富的调试器结果。
使用 p 或 expr(没有-O 参数)查看字段和值的完整列表

注意：

在 Playground 中探索自定义映射前，注释掉之前添加的所有自定义 Quick Look，因为一个自定义查找往往会覆盖其他的自定义查找。

可以遵循 CustomReflectable 协议来创建映射。与自定义流的描述一样，这种方式也很灵活。映射不必依附于实例的底层数据结构。可以从开发者的角度来添加任何有助于理解结构的描述信息。

通过添加 customMirror 方法来实现 CustomReflectable 协议。返回一个 Mirror 初始化器，该初始化器带有你要反射的值和一个由描述实例的键和值组成的字典。以下代码是在图 2-9 中看到的反射实现，它将点分解成角的弧度和角度：

```
extension Point: CustomReflectable {
    public func customMirror() -> Mirror {
        return Mirror(self, children: [
            "point": description,
            "theta": theta,
            "degrees": "\(degrees)°"
            ])
    }
}
```

该例通过创建字典的方式为如何在应用中使用 Point 结构体添加了较为强大的语义。通过提高抽象度，该反射更为贴近开发和调试的细节，而不是仅仅将原始值输出。

2.8.1 递归映射

内置系统中有一个自带映射字典的 point，但它没有达到你的预期效果。最好的示例是当使用结构时，使用虚拟子项，例如位标志(bit flags)。位标志本质上是一个整数。它将位键标志组合成一个单一的值。没有涉及真正的子项。所有的语义都嵌入到内部的原始值中。与此同时，你也许想要创建一个映射来分解独立的标志并把它们作为映射层次的一部分。

此刻，你最好能在 customMirror 实现中构建一个内嵌数组或字典，并且把子项转换为字符串或数字。虽然标准库定义了一个_MirrorType 协议，但该方法并不是一般的开发人员所能使用的。

可以通过一种方法从底层的整数中拉出标志。该方法列举了一个人类可读的字符串数组，使用每个字符串的索引来测试位标志。如下所示，将所收集的字符串的结果数组传递给映射字典，以便提供一种更有意义的展示方式。

```
public var names: [String] {
    var nameArray = [String]()
    let featureStrings = ["Alarm System", "CD Stereo",
        "Chrome Wheels", "Pin Stripes", "Leather Interior",
        "Undercoating", "Window Tint"]
    for (flagLessOne, string) in featureStrings.enumerate()
        where self.contains(Features(rawValue: 1<<(flagLessOne + 1))) {
        nameArray.append(string)
    }
    return nameArray
}
```

例如，你会看到[Alarm System, Leather Interior]而不是 rawValue: 34。

大概在不久的将来，Swift 可能支持位标志分解映射的方法，它会自动为枚举成员创建人类可用的输出。在此之前，该方法有助于将这些原始值转换为语义丰富的成员列表。

2.8.2 使用协议一致性构建基本映射描述

通过一个简单的技巧就可改善默认的映射输出，该技巧是从开发专家 Mike Ash 那儿学到的。考虑以下两个几乎相同的类，第二个类遵循一个名为 DefaultReflectable 的协议，而第一个类并不遵循该协议：

```
public class NonConformantClass {
    var x = 42; var y = "String"; var z = 22.5
}
```

```
public class ConformantClass: DefaultReflectable {
    var x = 42; var y = "String"; var z = 22.5
}
```

当构建和检查实例时，你会看到两者的差异。第一个类整体展示了 NonConformantClass 类的映射和打印输出。第二个类对类的成员进行了分解，这样更为清晰，呈现了实例的单个属性：

```
NonConformantClass() // Chapter2.NonConformantClass
ConformantClass()    // ConformantClass(x=42 y=String z=22.5)
```

通过这个不可思议的协议扩展，你基本上轻松地实现了这个行为。声明一致性充分利用这个协议及其实现的描述属性。秘诀 2-4 实现了 DefaultReflectable 协议，该协议的扩展提供了默认行为。

秘诀 2-4 通过协议添加默认的映射

```
// Coerce to label/value output where possible
public protocol DefaultReflectable: CustomStringConvertible {}
extension DefaultReflectable {

    // Construct the description
    internal func DefaultDescription<T>(instance: T) -> String {
        // Establish mirror
        let mirror = Mirror(reflecting: instance)

        // Build label/value pairs where possible, otherwise
        // use default print output
        let chunks = mirror.children.map {
            (label: String?, value: Any) -> String in
            if let label = label {
                return "\(label)=\(value)"
            } else {
                return "\(value)"
            }
        }

        // Construct and return subject type / (chunks) string
        if chunks.count > 0 {
```

```
            let chunksString = chunks.joinWithSeparator(", ")
            return "\(mirror.subjectType)(\(chunksString))"
        } else {
            return "\(instance)"
        }
    }

    // Conform to CustomStringConvertible
    public var description: String {return DefaultDescription(self)}
}
```

2.9　添加标题文档

打印、映射和快速查找(Quick Looks)所有这些面向开发人员的交流方式都是用来展示和描述应用程序数值的。通过对这些方式进行混合，快速查找增强了这种交流方式。通过给代码添加与 Quick Help 兼容的注释，就可以利用 Xcode 的内置文档系统。这种注释技术虽然增大了文档，但它为你自己、为未来的你(过一段时间再回头查看项目)、为团队中的成员、为任何使用代码的人创建了结构良好的使用信息。

Quick Help 为符号、编译设置和界面对象，以及类、结构体、枚举及其成员都提供了详细的在线参考文档。Quick Help 通过弹出窗口(按着 Option 键单击符号)和 Quick Help inspector (View | Utilities | Show Quick Help Inspector)为代码添加注释。

> **注意：**
> Quick Help 能够为单个的本地常量和变量提供说明。虽然 Cocoa 规范鼓励使用有语义的名称，而不是使用 i、j、k 和 x、y、z，但添加 Quick Help 注释是非常有必要的，因为它有助于你在未来理解该符号在算法中存储的是什么内容。

文档中包括使用说明、参数列表、期望值和先决条件。例如，你可能会在一些函数中添加标注 Requires: string is non-empty 或 Postcondition: memory is allocated and initialized to zero。指定任何边缘情况并列出返回值类型。明确代码可能产生的任何副作用，以及该代码是否线程安全，并提供使用例程时可能会涉及的错误情况的有关信息。

应保持文档在语言和术语的组织上简洁明了。如果你想得到一些启发，那么请参考 Apple 框架中一些类似方法的文档的实现方式。跟着苹果公司的风格走就不会出错。

2.9.1 构建标题文档

一个 Quick Help 注释由 3 个斜杠(///，如图 2-10 所示)或双重星号(/**注释内容*/)组成，如下所示：

```
/// This is a quick help comment


/**
 And so is this
*/
```

无论 Quick Help 注释中是否提及该函数的名称，只有在它位于函数之前时才会自动解释该函数。实际上，不应该提及该函数的名称。Xcode 会在声明中自动添加函数的名称，如图 2-10 所示。

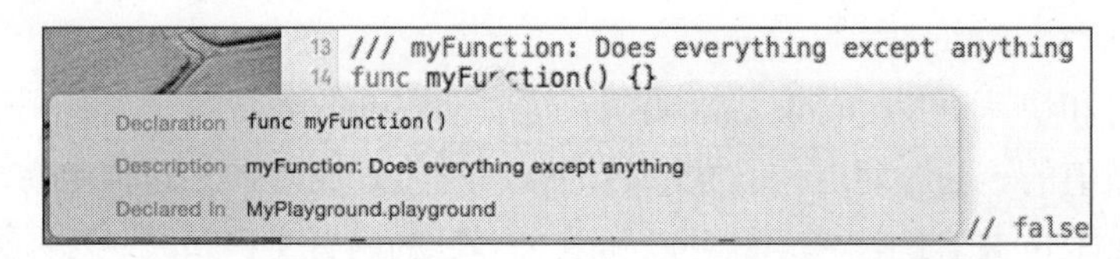

图 2-10　Quick Help 注释可以使用 3 个斜杠(///)或双重星号(/**注释内容*/)来实现

注意：

尽管 Swift 中没有了头文件，但是标题文档仍然可以在 Swift 中使用。遵循苹果公司的示例，你可以在源代码的任何地方添加文档注释，而不是仅仅在公用的代码中添加。你和你的团队是 Quick Help 注释的优质用户。

2.9.2 Markdown 支持

Quick Help 支持基本的 Markdown 语法，Markdown 是由 John Gruber 开发的流行于大多数开发平台的一种轻量级格式化语法。你可以为核心描述添加标题、链接、粗体、斜体以及对齐规则。图 2-11 展示的是被 Quick Help 引擎渲染后的标记输出。苹果公司的实现涵盖了 Markdown 的所有基本语法。这些基本语法都可以在标准的 Markdown 速查表中找到。

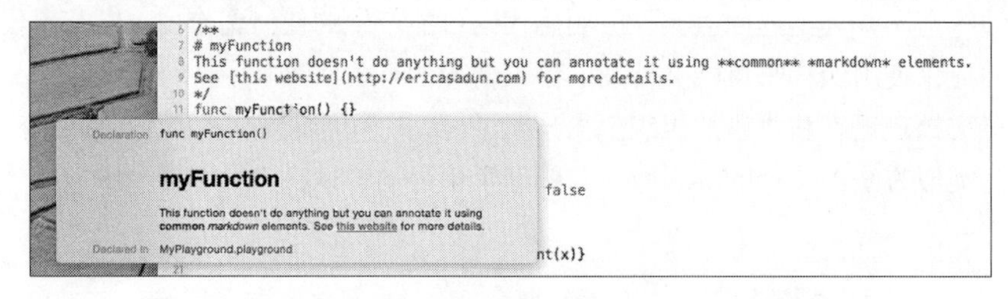

图 2-11　呈现在 Quick Help 注释中的由 Markdown 分隔的元素

Markdown 的这些基础语法非常灵活。如图 2-12 所示，为了展示使用方式，你可以在 Quick Help 弹出框中添加内嵌代码。使用```swift 代码栏或添加 4 个空格等来表示代码段。

正如示例所示，Xcode 将相邻的使用 3 个斜杠的注释当成一个单一的注释块。Xcode 把该代码段作为一行处理。

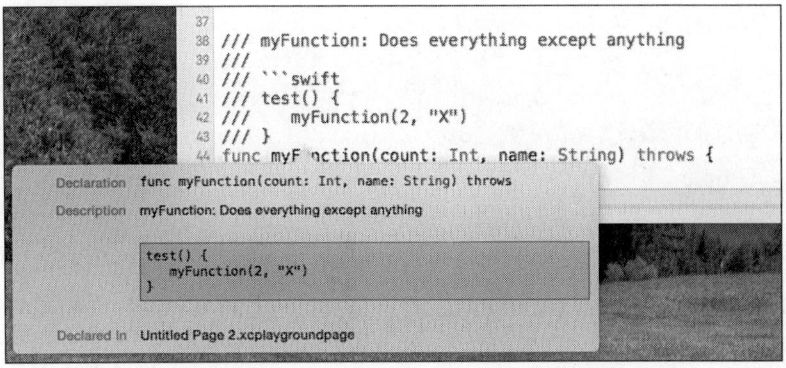

图 2-12　使用缩进或代码栏(```swift)描述代码段

2.9.3　关键字

Quick Help 支持 parameter、returns 和 throws 关键字。这些关键字在弹出框中创建分类标注，图 2-13 中使用了这些关键字。这些关键字区分大小写，并且前面有一个连字号(-)或星号(*)：

```
/// - returns: term
/// - throws: error-lists
/// - parameter term: definition
```

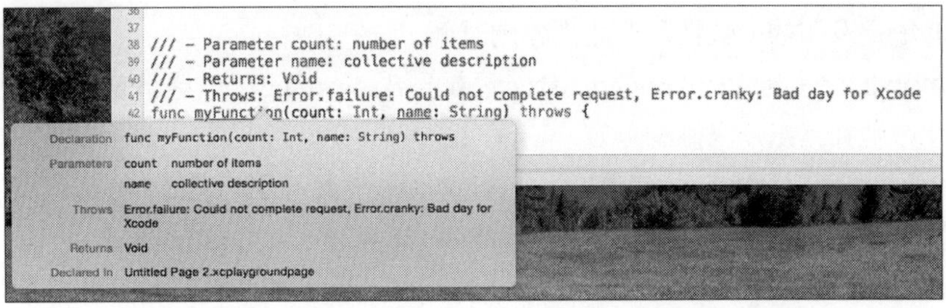

图 2-13　特殊的部分包括 Parameters、Returns 和 Throws

returns 需要一个冒号。冒号对于关键字 parameter 是可选的，但是建议加上，因为它可以使你创建一个整齐的参数列表，从而提高可读性。遗憾的是，不能将错误分解成参数列表的形式。例如，下面的代码不能通过语法分析。下面的两个 throws 声明中的第一个将会被 Xcode 忽略：

```
/// - Throws: Error.failure: Could not complete request
```

```
/// - Throws: Error.cranky: Bad day for Xcode
```

parameter 大纲语法支持两种风格。你可以指定：

```
- parameter x: ...
- parameter y: ...
```

或者

```
- x: ...
- y: ...
```

上述两种方法的输出结果是一样的。苹果公司在 Xcode 版本注释中写道，“在你认为合适的任何地方可以混合和匹配这些形式，或对整篇文档进行注释。因为它们被解析为列表项，你可以在它们下面嵌套任意内容。”

在 Quick Help 模板(Availability、Reference、Related、Guides、Sample Code 和 Related Declarations)中指出的其他部分此时对于开发人员而言是不可配置的。

Quick Help 可以识别一些其他的关键字并使用粗体进行标记(见图 2-14)：Attention、Author、Authors、Bug、Complexity、Copyright、Date、Experiment、Important、Invariant、Note、Postcondition、Precondition、Remark、Requires、SeeAlso、Since、TODO、Version 和 Warning。

本节标签术语有重叠，而且似乎受其他头文件标准影响，如 Doxygen 和 reStructuredText。与苹果公司为 Objective-C 提供的旧的 HeaderDoc 标准稍有重叠。以下是标签及其用法的简单总结：

- Attributions (author, authors, copyright, date)——为作者创建文档跟踪。
- Availability (since, version)——当材料被添加进代码或者被更新时进行详细说明，使你能够锁定发布的一致性和开始工作的时间。
- Admonitions (attention, important, note, remark, warning)——谨慎使用。它们用来建立设计原理并指出局限性和危害。
- Development state (bug, TODO, experiment)——表示开发进度，标记出需要在未来进行检查和细化的区域。
- Performance characteristics (complexity)——表示代码的时间和空间复杂度。
- Functional semantics (precondition, postcondition, requires, invariant)——详述函数调用前后的参数特征。先决条件(preconditions)和必要条件(requirements)限制了在哪些值和条件下代码是可以访问的。后置条件(postconditions)在函数执行后指定可观察结果的正确性。不可变(invariant)元素在函数调用期间不能被改变。
- Cross-references (seealso)——使你能够为文档的实现指出相关联的背景材料。

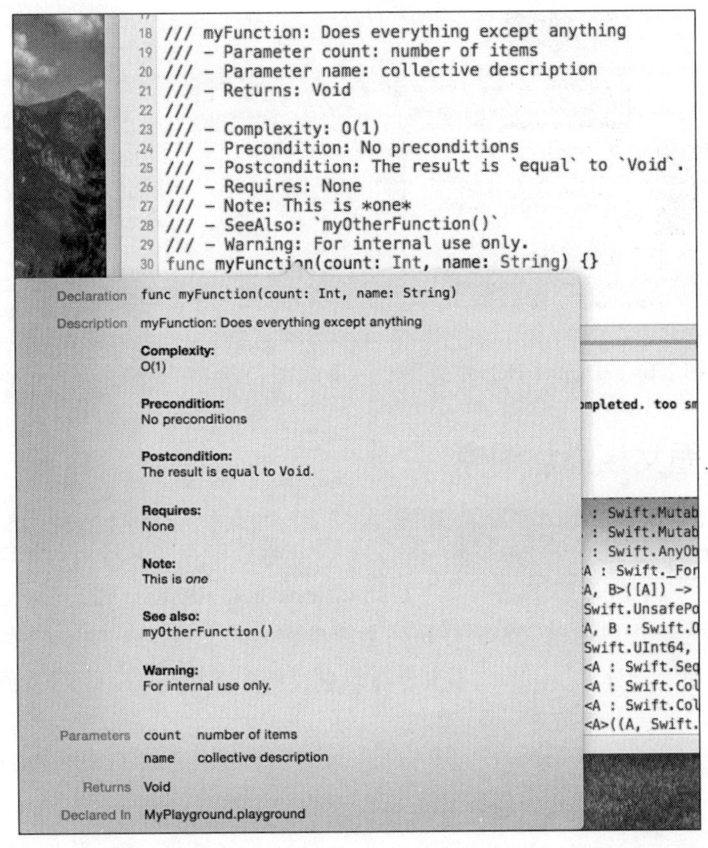

图 2-14　常用的关键字被拉出来并使用粗体突出显示

可以使用连字符/星号-空格-冒号(hyphen/asterisk-space-colon)来布局其他条目，但它们不会获得优先标记，如图 2-15 所示。结果就是使用 markdown 创建你期望的简单项目列表。

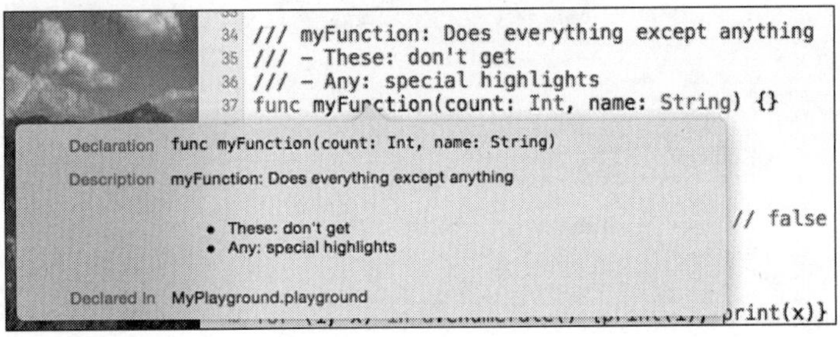

34 /// myFunction: Does everything except anything
35 /// - These: don't get
36 /// - Any: special highlights
37 func myFunction(count: Int, name: String) {}
Declaration func myFunction(count: Int, name: String)
Description myFunction: Does everything except anything
• These: don't get
• Any: special highlights
Declared In MyPlayground.playground

图 2-15　无法识别的标记符号就不进行突出显示

2.9.4　特殊的 Swift 关注点

当一个函数抛出时(见图 2-16)，方法/函数的注解在声明中显示。虽然这看起来有点丑，但对于 Swift 2.0 来说在语法上是得当的。Quick Help 将大部分声明属性——例如 noescape、noreturn 等——都融合到声明行中，如图 2-16 中的 rethrows 所示。

```
39 /// myFunction: Does everything except anything
40 func myFunction(count: Int, name: String) throws {
                                          ("oops")}
Declaration  func myFunction(count: Int, name: String) throws
Description  myFunction: Does everything except anything
Declared In  MyPlayground.playground
```

```
39 /// myFunction: Does everything except anything
40 ///
41 /// - Parameter f: Closure taking count and name, returns void
42 func myFunction(count: Int, name: String, f : (Int, String) throws -> Void) rethrows {
43     try f(count, name)
44 }
Declaration  @rethrows func myFunction(count: Int, name: String, f:
             (Int, String) throws -> Void) rethrows
Description  myFunction: Does everything except anything
Parameters   f  Closure taking count and name, returns void
Declared In  MyPlayground.playground
                                                   / false
```

图 2-16　在 Quick Help 中提及的 Swift 函数注解，如 throws 和 rethrows

2.9.5　为标题文档添加图像

可以通过访问存储在 Web 服务器上资源的 URL 或访问本地文件系统中绝对路径的 URL 为标题文档添加图像(见图 2-17)。不像丰富的 Playground 注释，标题文档不能读取位于 App 中的资源，但是它们可以通过完整路径访问当前桌面上的文件，在本例中使用的正是这种方式。由于图像的使用十分死板，因此不推荐在标题文档中使用它们，因为资源可能会被移动，从而断开链接。

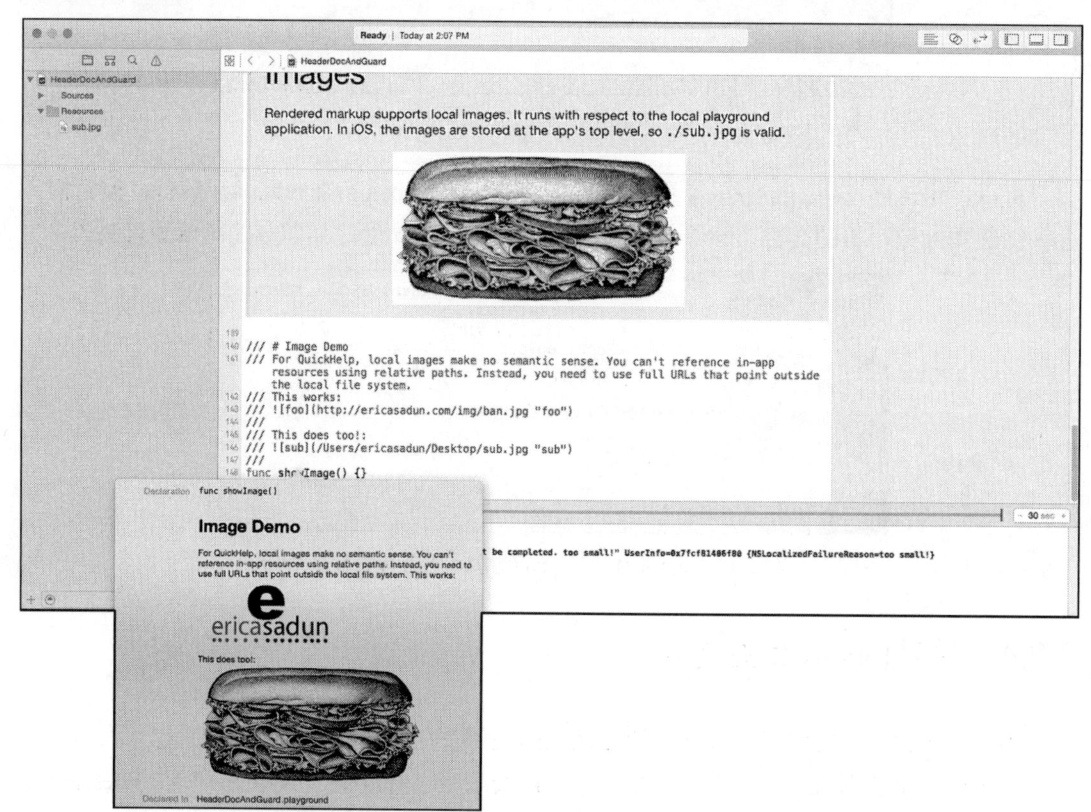

图 2-17　Quick Help 支持图像集成(上面使用的免版税的三明治图像是 Billy Alexander 在 freeimages.com 上发布的)

2.10　小结

永远不要忘记，你是自己的最佳客户。当花时间构建代码和文档来支持你的开发工作时，可以用你的工具来支持你的一生。虽然你可能不是通过创造最完美的 Quick Look 预览内部类和结构来获取最好的服务，但构建可视化组件和提供有语义的输出可以大大减少调试开销，因为那些支持开发工作的信息可以顺手拈来。

本章介绍的技术使你能够扩展现有的值，它们超出了简单的原始数据。使用这些面向开发人员的工具，你将在 Swift 开发工作中得到更好和更有意义的反馈。

2.10 小结

第3章 可选类型?!

nil 时常会出现。如果在字典查找失败，实例含有依赖属性，异步操作尚未完成，可失败初始化器(failable initializers)不能创建实例，以及诸多其他情况下，不能够确定值是否被设置，那么 Swift 就可能返回 nil 来替代其他一些更为具体的内容。Swift 为了表示值不可用的情况，提供了一个强大的工具，即 nil。

Swift 从错误处理中区分这些“无值”的场景。在错误处理中，可以改变控制流来缓解错误并提供错误报告。nil 就是一个无值的值(value-of-no-value)，即缺少数据的值。当没有数据可用时，nil 为使用者提供了一个可测试的占位符。

与其他语言不同，Swift 中的 nil 不是一个指针。在单一的结构中，我们可以用它来安全地表示一个可能无效或有效的值。Swift 中的 Optional 类型封装这个概念可以帮助区分哪些值被赋值成功以及哪些值是 nil。

学习如何识别和使用可选类型是掌握 Swift 语言的重要一步。本章介绍可选类型，为了检测 nil 支持的结构，你需要在代码中创建、测试并成功地使用可选类型。

3.1 可选类型初步

Swift 的可选类型以问号(?)和感叹号(!)作为标记。任意变量被问号(?)标记后，说明该变量可能含有一个有效值。为了初探这种语言的特性，请看下面的示例:

```
var soundDictionary = ["cow": "moo", "dog": "bark", "pig": "squeal"]
print(soundDictionary["cow"] == "moo") // prints true
print(soundDictionary["fox"]) // What does the fox say?
```

上述代码片段中，fox(狐狸)发出什么声音呢？Swift 中的答案当然是 nil。Swift 中的 nil 表示“无值”。不像 Objective-C，nil 在 Swift 中并不是指针。nil 在 Swift 中代表着一个缺失的、不存在的语义。

在 soundDictionary 实例中，该变量是一个存储字符串的字典。键和值都是字符串类型，该变量的类型为 Swift.Dictionary<Swift.String, Swift.String>。你也可以用中括号和冒号(如[String: String])来表示该数据的类型。在 Swift 中，soundDictionary 的具体数据类型由右边提供的具体数据推断而来。或者，你可以使用冒号加数据类型的形式在声明变量时显式地为变量指定数据类型:

```
var soundDictionary: [String: String] =
    ["cow": "moo", "dog": "bark", "pig": "squeal"]
```

虽然该字典的键值对都是 String 类型，但是当你查找该字典中的任意条目时，其返回值未必是 String 类型。其返回值类型可能是 String?类型。这个问号是理解字典的关键，因为它表示一个 Optional 类型。查询字典成功和失败是未知的。可选的返回类型就囊括了这两种可能(有值或无值)。

将这种行为与数组进行对比，在访问数组的某个元素之前，程序员可以利用该特性检查该元素是否存在。两种类型应该很容易在其他惯例中实现，但是 Swift 开发人员为每种类型选择了更好的用例。数组是高度有界的，可以在规定的索引内进行查找。字典的键域往往是比较松散的。可选类型能够更好地代表“是否获取到值”的结果。

可以从 Quick Help 中确认返回结果。在 Xcode 中输入下面的字典。然后按着 Option 键单击 sound 符号(如图 3-1 所示)，或者选中 sound 并且打开 View | Utilities | Show Quick Help Inspector 选项。在 Quick Help 中的 Declaration 一行中给出 sound 是 String?类型：

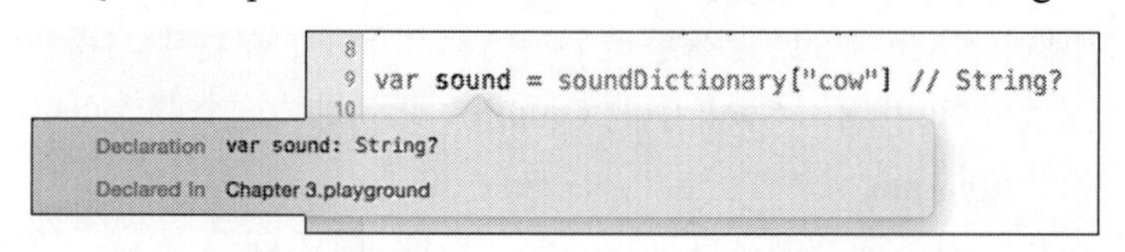

图 3-1 Xcode 的 Quick Help 揭示了符号的类型

虽然查询字典成功时可返回“moo”，失败时返回 nil，但这确实有误导性。在 Xcode 控制台中使用 print(sound)语句输出 sound 的值。成功的结果将会是 Optional("moo")，sound 的值会被嵌入到一个可选的包装器中。在上述示例中，Optional 类型使用了一个.Some 枚举，其关联的值是“moo”字符串。

你不能将该可选值直接作用于字符串。下面的例子会报错，因为在使用可选类型的值之前，你必须先将它展开：

```
let statement = "The cow says " + sound
```

+运算符可以在两个字符串中使用，但是不能在字符串和可选值间使用。打开存储在包装器中可访问的字符串，可以执行像追加值这样的操作。

3.2　展开可选值(Unwrapping Optionals)

Optional 类型始终返回一个被预先包装好的值或 nil。包装意味着任何实际内容都存储在一个逻辑结构内。在没有打开包装之前，你无法获取其中存储的值(如该示例中的“moo”)。在 Swift 的世界里，可选值就像圣诞节期间打开礼物一样(其中至少含有一个变量)。

为了能够获取在可选类型中存储的值，Swift 提供了各种打开可选类型的机制。许多获取包装器中可选值的方式是你预想不到的。Apple 的 Swift 2.0 为开发人员提供了更大的灵活性。

3.2.1　强制展开

提取一个可选值最简单的方法是添加一个感叹号：

```
print("The sound is \(sound!)") // may or may not crash
```

这也是最危险的做法, 在生产代码中应避免此类情况的出现。

如果值被打包(你读到的结果是“optional”)，使用感叹号来获取被打包元素中存储的值。如果值为 nil, 那么你将会遇到一个致命的运行时错误，该错误将会使你在工作中失去乐趣或感到沮丧。

Swift 中的 nil 值是非常好用的。在打开之前需要检查其是否为 nil，这是极为重要的。在 if 子句中可以使用感叹号(!)来安全地打开可选值，因为此刻的 sound 保证不为 nil，它是一个有意义的值(在非多线程的情况下是安全的)：

```
if sound != nil {
    print("The sound is \(sound!)") // doesn't crash
}
```

安全是相对的。虽然这种强制展开的方式在当前使用中可以很安全地编译并且运行, 但在编辑时就会变得非常危险。如果你无意中把打印语句移动到 if 语句块外，编译器可能并不会警告你，但这样的代码是非常不安全的。

在该示例中，sound 变量也不是 weak 类型。它不会在 nil 测试和展开时被释放掉。weak 变量从不使用强制展开方式，因为它们可以这样做。

作为规则，尽管是在 if 子句中，也要尽量避免强制展开可选值，因为这样可以避免潜在的危险。

3.2.2　条件绑定

条件绑定(conditional binding)为避免可选值的强制展开提供了更好和更安全的方法。在条件绑定中，可以使用 if-let 或 if-var 语句将一个值绑定(赋值)到一个新的常量或变量中。当可选值不为 nil 时，Swift 就会展开该值，将该值赋给变量，并执行 if 语句后的代码块。如果可选值为 nil，就进入 else 子句或者继续执行下一条语句：

```
if let sound = soundDictionary[animal] {
    print("The \(animal) says \(sound)")
} else {
    print("Any sound the \(animal) says is unknown to modern science")
}
```

在 Swift 的条件绑定中为打包和展开使用了相同的标识符。在下面的代码段中，mySound 常量是在 if-let(或 if-var)作用域内被展开的，但在作用域外被打包。

```
let mySound = soundDictionary[animal] // mySound is wrapped
if let mySound = mySound {
    print(mySound) // mySound is unwrapped
}
```

使用相同的标识符可以清晰地表明在不同语句中它们有着相同的语义。条件绑定的子句往往比较短。这样就可以让你对重载符号所表示的意图一目了然。

在 if-let 赋值语句中，右边的值必须是可选的。不能在此结构中使用已经被展开的元素。下面的语句将会导致一个错误，提示条件绑定初始化器中必须有一个 Optional 类型的值。

```
if let sound = soundDictionary["cow"]! { // error!
    print("The cow says \(sound)")
}
```

3.2.3 条件绑定和类型转换

类型转换使你可以重新解释运行时实例的类型。Swift 提供了两个不同的类型转换操作符(is 和 as)和 4 个变体：is、as、as? 和 as!。这些操作符使你能够检查值的类型并且将值转换成另一种类型。is 操作符检查是否可以把实例的类型转换成其他特定的类型：

```
let value = 3
value is Any // true
value is Int // true
value is String // false
```

as 操作符可以将值转换为其他类型，并可以测试一个元素是否符合协议。以下是它的三种形式：

- as 操作符应用于类型的直接转换。编译器必须在编译时确定类型是否转换成功。

- as?变体包含一个问号(?)。它执行一个有条件的转换，总是返回一个可选类型的值。如果转换成功，就会打包一个可选类型的实例。如果转换失败，就会返回 nil。这是笔者在日常编程中经常使用的转换方式。当编译器检测到转换总会成功(例如，String 转换成 NSString)或者转换总会失败(例如，String 转换成 NSArray)时，编译器就会发出警告。
- 强制转换 as!包含一个感叹号(!)。它会返回一个已经被展开的值或者引起一个运行时错误。这是最危险的类型转换方式。如果你知道类型转换一定会成功或想让应用程序过早地崩溃，那么可以使用它。

条件绑定和条件转换的使用相互关联，图 3-2 展示了其原因。在这个屏幕截图中，Swift 创建了一个索引为字符串的字典来存储 Any 类型的实例。查询 Key 为“Three”的元素时尽管会返回一个有效的整数，但强制展开后仍然是 Any 类型。为了把这个值当成数字使用，必须把 Any 转换为 Int 类型。

```
40 var dict = [String:Any]()
41 dict["Three"] = 3
42 let res‥lt = dict["Three"]! // type is Any?
Declaration  let result: Any
Declared In  Test.playground
```

图 3-2 查询类型为[String:Any]的字典会返回 Optional<Any>的值。在经过强制展开后类型仍然为 Any

as?类型操作符尽管用于非可选类型的值，但是仍然会产生可选类型的值。

```
let value = 3 // Int
let optionalValue = value as? Int // Int?
```

条件绑定使你能够应用一个转换，测试一个可选结果，并且最终将展开后的值与本地变量进行绑定。在下面的示例中，result 在 if 子句代码块内被绑定为一个 Int 常量。

```
if let result = dict["Three"] as? Int {
   print("\(result + 3) = 6") // 6 = 6
}
```

这种 fetch、cast 和 bind 的条件模式在处理从网络服务器和数据库获取的数据时经常用到。当通过关键路径来浏览子节点数据时，Swift 支持使用类型安全。

秘诀 3-1 搜索了 UIView 的层次，其中使用了条件转换，根据提供的类型来匹配子视图，返回该类型匹配成功的第一个子视图。as?类型操作符返回一个可选值，该可选值通过条件被绑定到本地的 view 变量。如果绑定成功，并且找到了匹配的类型，那么函数就会返回所匹配的值。否则，该程序就对递归树进行深度优先搜索(depth-first search)。

秘诀 3-1 使用条件绑定测试类型

```
public func fetchViewWithType<T>(
   type t: T.Type, contentView: UIView) -> T? {
```

```
    for eachView in contentView.subviews {
        if let view = eachView as? T {return view}
        if let subview = fetchViewWithType(
            type: t.self, contentView:eachView) {
            return subview
        }
    }
    return nil
}
```

3.2.4 级联绑定

虽然值绑定对于值的访问很有用，但是在代码结构中使用 if-let 绑定，用通俗一点的话来讲就会产生金字塔厄运(pyramids of doom)。每个层次都会使代码越来越靠右，从而会在 if 语句的左边创建一个空的三角形和结束括号。

```
if let cowSound = soundDictionary["cow"] {
    if let dogSound = soundDictionary["dog"] {
        if let pigSound = soundDictionary["pig"] {
            // use sounds here
        }
    }
}
```

你肯定不想将这段代码带回家送给你的项目经理或者你的妈妈。

在单个测试中使用多个可选绑定，可以避免这种混乱的结构。级联绑定在 Swift 1.2 中首次提出，级联允许在一个统一的条件内进行任意多个条件绑定：

```
if let
    cowSound = soundDictionary["cow"],
    dogSound = soundDictionary["dog"],
    pigSound = soundDictionary["pig"] {
        // use sounds here
}
```

如果有任何一个赋值失败了，那么赋值就会停止，并跳过 if 语句的执行。这种方法当处理网络数据源(如 JSON)时特别有用，下一步的执行可能会依赖于上一步条件绑定的结果。以下是一个从 iTunes App Store 获取价格的脚本的示例。

```
if let
    json = json as? NSDictionary,
    resultsList = json["results"] as? NSArray,
    results = resultsList.firstObject as? NSDictionary,
    name = results["trackName"] as? String,
    price = results["price"] as? NSNumber {
    // Process results
}
```

此代码段从 App Store 拉取数据并使用 NSJSONSerialization 和 JSONObjectWithData 进行解析。从 JSON 数据中提取结果列表，从结果列表中提取应用结果等。

这种方法避免了金字塔式的缩进，金字塔式的缩进会使代码更为糟糕。增加的块会使 if-let 难于理解。大量的注释和空格可能会使这种情况有所改善。如下所示，结果表明大脑解析得更快，更容易发现错误，并能够更好地对中间步骤进行添加、删除和重新排序操作:

```
if let
    // Access JSON as dictionary
    json = json as? NSDictionary,

    // Retrieve results array
    resultsList = json["results"] as? NSArray,

    // Extract first item
    results = resultsList.firstObject as? NSDictionary,

    // Extract name and price
    name = results["trackName"] as? String,
    price = results["price"] as? NSNumber {

        // Process results
}
```

3.2.5　guard 语句

guard 语句在 Swift 2.0 中首次被引入，它提供了展开和使用可选值的另一种方式。虽然 guard 不仅限于在可选值中使用(也可以在普通的布尔条件中使用)，但它主要提供了一种具体处理可选值的开发优势。尤其是 guard 语句通过添加提早返回错误处理的方式将代码从缩进的区域中移了出来。

提早返回的方式交换了成功和失败的处理路径。错误首先被处理，这使得成功的代码尽可能被写到最外部的作用域中。相比之下，在 if-let 中你不能率先处理错误，并且成功条件必须在子作用域中进行处理。没有 guard 语句，所有的条件绑定值都必须使用 if 语句，并在 if 语句代码块中对其进行绑定。例如，在下面的代码段中，使用 if-let 对 cowSound 进行了条件绑定，并且 cowSound 常量在作用域外是未定义的：

```
if let cowSound = soundDictionary["cow"] {
    // cowSound is unwrapped within this scope
}
// cowSound is undefined outside the scope
```

与 if-let 一样，guard 语句可以有条件地展开并绑定可选变量。当绑定失败时，它会执行 else 子句，在 else 子句中必须使用 throw、break、continue 或 return 退出当前作用域。否则，guard 语句就会展开可选值并把它与一个变量进行绑定，你可以在当前作用域剩余的生命周期内使用被绑定的值：

```
guard let cowSound = soundDictionary["cow"] else {throw Error.MissingValue}
// cowSound now defined and unwrapped
```

我们可以把 guard 语句看成是一个士兵，它不会允许程序继续向前执行，除非条件得到满足。与 if-let 不同，guard 没有建立新的作用域。相反，它会作用于现有的作用域中。

与 if-let 语句一样，一个 guard 语句可以表示多种条件，每个条件之间使用逗号进行分隔。例如，你可以执行多个常量的赋值：

```
guard let
    cowSound = soundDictionary["cow"],
    dogSound = soundDictionary["dog"]
    else {throw Error.MissingValue}
```

或者可以在赋值操作中包括其他常用的测试：

```
guard
    soundDictionary.count > 2,
    let cowSound = soundDictionary["cow"],
    let dogSound = soundDictionary["dog"]
    else {throw Error.MissingValue}
```

3.2.6 可选值的隐式展开

Swift 提供了一个称为隐式展开可选值的特性，你可以通过在类型后边追加感叹号(!)的形式来声明隐式的可选类型。与常规的可选类型不同，该版本的可选类型会自动展开，就像单身派对上的玩偶盒(jack-in-the-box，打开即跳出一个奇异小人的玩具盒)。你要小心谨慎地使用可选值的隐式展开。它们是相当危险的功能，如果你尝试访问一个存储有 nil 的可选值，就会引起致命的运行时错误。

下面的示例首先为一个正常类型的常量赋值，然后为一个隐式打开类型的常量赋值。当访问这个打包的值时会产生差异。这就是该名称的由来，因为在访问时，被打包的值是隐式展开的：

```
var animal = "cow" // 1
let wrappedSound = soundDictionary[animal] // Optional("moo")
let unwrappedSound: String! = soundDictionary[animal] // "moo"

// prints: The unwrapped sound is "moo"
let soundString = "\"" + unwrappedSound + "\"" // 2
print("The unwrapped sound is \(soundString)")
```

在上面的示例中，当你在字符串赋值中使用 unwrappedSound 时，会发现 unwrappedSound 的值不是 Optional("moo")。被访问的值是 moo，该值和普通的字符串没有什么区别。隐式展开从可选项中提取值，并用于从字典中查找你期望的数据类型。一旦展开，就可以使用该变量。你不需要添加感叹号或者使用条件绑定来“展开该变量”。

一个真正的危险来自于展开 nil 值。如果将标记为 1 的代码行中的 animal 的值"cow"替换成"fox"，在标记为 2 的代码行中就会抛出一个致命的错误。在运行时会提示“unexpectedly found nil while unwrapping an Optional value”(在对一个可选值进行展开时意外地发现了一个 nil)。这个好用的展开方式也意味着巨大的责任。你一定要小心、妥善地使用这些条目，确保不会尝试去展开一个 nil 值。

隐式展开仅限用在提前知道某个逻辑点后所使用的变量肯定是有值的场合。例如，你在响应按钮或者菜单的单击事件时，也许不用考虑“该按钮或者菜单是否存在？”如果它不存在的话，那么绝不会到达回调的地方。

不要为一般的示例(例如字典查询)使用隐式展开，这是自找麻烦。但你可以输出被展开的值并且针对 nil 进行测试：

```
print(unwrappedSound) // prints nil
if unwrappedSound != nil {
   print("Valid:", unwrappedSound)
}
```

在你试图访问其中存储的值并执行操作之前是不会引发错误的。

一般来说，将一个值、一个可选类型的值或者 nil 赋值给隐式展开的变量是合法的。下面的代码是合法的，并且不会产生编译错误。

```
var myImplicitlyUnwrappedOptional: String!
myImplicitlyUnwrappedOptional = Optional("Value")
myImplicitlyUnwrappedOptional == "Value" // true
myImplicitlyUnwrappedOptional = nil // do not test except against nil
myImplicitlyUnwrappedOptional == nil // true
myImplicitlyUnwrappedOptional = "Value"
myImplicitlyUnwrappedOptional == "Value" // true
```

上述变量被赋值了可选值和非可选值，最终以非可选值的结果结束，你看到的比较是与非可选字符串"Value"的比较。危险在于 nil 的赋值。一个非 nil 的比较尝试访问其中的值，并且会以运行时错误而终止。值得高兴的是，可以使用可选值或者非可选值来执行一个赋值操作。

当使用界面生成器(Interface Builder)时隐式展开的情况非常常见。一个视图绑定的是一个可选值，它可能会也可能不会在界面文件中被实例化。视图的使用通常是非可选类型，可以假定你设置了正确的绑定。在开发和测试过程中，隐式展开简化了访问视图的代码，但是这需要以程序潜在的崩溃为代价。

Swift 2.0 中的一行 guard 语句为下列的初始化模式提供了一个简短的总结：

```
let cowSound: String! = soundDictionary["cow"]
if cowSound == nil {throw Error.missingValue} // Handle nil case
// cowSound's value is now usable without explicit unwrapping
```

上述赋值语句使用了隐式展开，然后测试是否为 nil。这是一个安全的检查，因为代码并没有试图访问一个相关联的值。如果可选值为 nil, 那么 if 语句后的代码块将会执行，并且将控制权从该作用域内转移。否则代码将会继续执行，并且现在可以使用所展开的 cowSound 常量。

隐式展开方法比 guard 语句冗长且不安全。它使用多行语句，而 guard 只需一行即可，它不能离开当前的作用域。如果 throw 请求被替换成 print 语句，那么在 nil 的情况下会继续向前走。在这种情况下，它可能会遇到使用 cowSound 但该值并不存在的情况，从而会产生运行时崩溃。

请谨慎使用隐式展开，尽可能使用 guard 语句。

3.2.7 保护 failable 初始化器

当初始化器返回一个可选实例时，该初始化器就被称为 failable initializer(可失败初始化器)。初始化器可能成功地建立一个新实例，但它也可能失败并返回 nil。例如，下面的结构体仅当 number 为偶数时才会被初始化：

```
struct EvenInt {
```

```
    let number: Int
    init?(_ number: Int) {
        if number % 2 == 0 {self.number = number} else {return nil}
    }
}
```

可以通过在init关键字后追加问号(?)或感叹号(!)来标记可失败初始化器(init?或init!)。标点符号的选择取决于初始化器是返回正常的可选实例还是隐式展开的可选实例。隐式展开的变量几乎从来没有在现实生活中使用过。据技术编辑Kevin Ballard所知，当从Core Foundation或未经审核的Objective-C API中移植过时的代码时，可能会遇到这种情况。

使用 guard 语句来测试可失败的初始化任务。以下是建立 EvenInt 结构体的实例。当 number 是奇数时，EvenInt 初始化器就会返回 nil。guard 语句就会抛出一个错误并退出作用域。

```
do {
    guard let even2 = EvenInt(2) else {throw Error.Odd}
    print(even2) // prints EvenInt(number: 2)
    guard let even3 = EvenInt(3) else {throw Error.Odd} // fails
    print(even3) // never gets here
} catch {print(error)}
```

虽然你可以为测试和展开可选值使用任何方法，但 guard 语句为可失败初始化器提供了一个同步方式。保护初始化器使你能够在声明变量和常量的地方再次测试可失败初始化器，并确保这些绑定的值在剩余作用域内有效。

3.2.8　可选值和哨兵值

在操作失败的情况下，使用可选信号量再合适不过了。下面的代码段是在 Swift 2.0 版本之前的做法，并且在苹果公司传统的 Cocoa 示例中经常见到：

```
func doSomething() -> String? {
    let success = (arc4random_uniform(2) == 1) // flip a coin
    if success {return "success"} // succeed
    return nil // fail
}

if let result = doSomething() {
    // use result here
}
```

不成功的操作返回 nil，成功的操作返回一个值。

在 Swift 2.0 之初，在初始化失败时会返回 nil(虽然也可以在初始化器中与常规代码一样也使用 throws)，并且要优先使用 guard 而不是 if-let。可以使用 Swift 新的错误处理系统来代替可选哨兵(哨兵是一个成功或失败的信号量)。错误处理使你能够重定向控制流以减轻错误并提供恢复支持：

```
func betterDoSomething() throws -> String {
    let success = (arc4random_uniform(2) == 1) // flip a coin
    if success {return "success"} // succeed
    throw Error.failure // fail
}

do {
    let result = try betterDoSomething()
} catch {print(error)}
```

这种重构方式跳过了可选值；在客户端代码中出现 nil 的情况从不受欢迎。Swift 2.0 中的错误处理意味着你绝不会遇到不得不展开的情况。

当抛出的错误不是用户感兴趣的错误时，try?操作符可以忽略错误，并且把错误结果转换成可选值。这使你可以将新的错误样式和旧的可选样式结合在一起。try?表达式为成功的情况返回一个打包的值，为 nil 的情况抛出一个错误：

```
guard let foo = try? somethingThatMayThrow else {
    // ...handle error condition and leave scope
}
if let foo = try? somethingThatMayThrow {}
```

新的错误处理系统深深地影响着 Cocoa-sourced API。在 Swift 2.0 之前使用 NSError 指针来调用，把返回的可选类型变成了非可选类型，并添加了 throws 关键字，取消了 API 调用的错误指针。在新系统中通过 do-try-catch 来发送 NSError。将旧方法与新方法进行比较，如下所示：

```
// Old
func dataFromRange(range: NSRange,
    documentAttributes dict: [NSObject: AnyObject],
    error: NSErrorPointer) -> NSData?

// New
func dataFromRange(range: NSRange,
```

```
    documentAttributes dict: [String: AnyObject]) throws -> NSData
```

通过引入错误处理，可选项可以通过重载“failed call”语义被消除。使用已经定义好的错误处理比使用可选的哨兵值要好得多。在除了“I failed”这个信息外真的没有其他信息要传给调用者时，Swift 2.0 更新了错误系统，你可以简单地创建一个 error 枚举来表示当前错误的原因。这可以使添加错误信息变得容易得多，且不需要复杂的 NSError 初始化器。

```
enum Error: ErrorType {case BadData, MemoryGlitch, ItIsFriday}
```

虽然目前许多 API，尤其是异步处理程序和基于 Core Foundation 的调用，还正在向新体系过渡，但建议更新你的代码，以避免使用可选项作为哨兵值。它们被设计用来处理返回你的可选的“包含值或不包含值”的语义。

3.2.9　合并

Swift 中的 nil 合并操作符(nil-coalescing operator)??展开可选项并为 nil 的情况提供默认值。下面的示例使用 nil 合并运算为 sound 常量进行赋值操作：

```
let sound = soundDictionary["fox"] ?? "unknown"
```

如果查找成功且字典返回一个被打包的值，那么该操作符就会对其展开并将其赋给 sound。相反，就赋予默认值"unknown"。在任何情况下，所赋的值都不是可选值。sound 是 String 类型，而不是 String?。

当可以提供一个默认值而不会中断正常的业务流程时，就可以使用 nil 合并。如果不能提供默认值，就要使用 guard 来替代，并且在 else 子句中将 nil 作为一种错误情况来处理。

> **注意：**
> 如果可选项是非 nil，则操作符右边的内容从不会被执行。该运算与 Boolean 运算符&&和||一样，都遵从“短路原则”(short-circuits)。

3.2.10　可选赋值

在 nil 合并运算中，必须提供一个有效的未打包的默认值。在没有默认值的情况下，考虑使用可选赋值(optional assignment)来替代。这种方法简化了所有可选值不可用的情况。通常，你将赋值操作嵌入到 if-let 作用域中。如果条件绑定成功，你将分配被展开的值。

或者，可以考虑创建一个自定义操作符，该操作符有条件地将值赋给目标，如下面的示例所示：

```
// Thanks, Mike Ash
infix operator =? {}
```

```
public func =?<T>(inout target: T, newValue: T?) {
    if let unwrapped = newValue {
        target = unwrapped
    }
}
```

该代码段创建了一个=?操作符，该操作符通过一个基本的 infix 调用进行展开，并隐藏了 if-let 方法的具体实现方式，从而简化了赋值操作。

下面的赋值操作展示了该操作符的工作方式。字符串变量 s 只有在被赋值为非 nil 值时才会更新其中存储的值。

```
var s: String = "initial value"
s =? "value 1" // value 1
s =? nil // value 1
```

隐藏 if-let 的具体实现可以使条件赋值更为清晰并且阅读起来更为直观。

3.2.11 可选模式

Swift 中的 pattern(模式)表示的是一个值的结构，而不仅仅是值本身。模式分解并表示一个数据的结构，包括组成元素。当测试中只涉及实例的某些子结构时，它们可以使你仅仅对这些子结构而不是整个实例进行测试。使用模式来表示一个实例是一种强大且微妙的方式，并且与可选项一起使用是非常方便的。

下面的可选枚举中包含了.None 和 .Some 两个 case。.Some 包含了一个与任意类型相关联的值：

```
enum Optional<T> {
    case None
    case Some(T)
}
```

与可选项相结合，模式匹配使你仅限于在.Some 子句中进行工作。你可以进入这个 case 中，并且使用一个单独的声明来绑定内部的值。

在 case 关键字后紧跟的是一个特定的枚举项(.Some)，之后使用 let 或者 var 进行值的绑定：

```
switch soundDictionary[animal] {
    case .Some(let sound):
        print("Using case, the unwrapped sound is \(sound)")
    default: break
}
```

结果是一个被展开的值，该值用于为访问做准备。

case .Some(let constant)表达式为潜在的可选项提供了一对一的模式匹配。None 选项就不会匹配该模式，所以该 case 中的代码不需要考虑 nil 的情况。

不可否认，case (case .Some(let constant))在视觉上略显笨拙，它缺乏美感。为了应对这个可选模式匹配代码的复杂性，Swift 2.0 引入了使用后缀问号的简化语法：

```
switch soundDictionary[animal] {
   case let sound?:
      print("Using case, the unwrapped sound is \(sound) [2]")
   default: break
}
```

这个后缀问号无非就是.Some 情况的语法糖。使用这个 case 匹配和打开可选项更为简洁并且提高了可读性。

上述示例欺骗了 Swift, 因为使用一个 case switch 来代替 if-let 并没有太大的优势。当在样例中引入 where 子句时，才能看到模式匹配可选项的强大和简洁。

下面的代码段使用一个 switch 语句来区分哪些展开的可选值中的字符串大于 5 个字符或者小于 5 个字符：

```
switch soundDictionary[animal] {
case let sound? where sound.characters.count > 5:
   print("The \(sound) is long")
case let sound?:
   print("The \(sound) sound is under 5 characters")
default: break
}
```

其中，在小细节选择执行的情况下，Swift 的 switch 中的所有情况可能会出现显著的逻辑重叠。

在 if 语句中使用模式匹配可以减小 switch 语句的开销，并且可以进一步简化 case 语句中的代码。消除 default 语句和周围的 switch 语句，并且使用一个带有 where 子句的简单模式条件简化检查。为了精确测试，if 语句使用了模式匹配和 where 子句。

```
if case let sound? = soundDictionary[animal] where sound.hasPrefix("m") {
   print("Sound \(sound) starts with m")
}
```

where 子句不仅仅在 if-case 中使用，也可以在 if-let 中使用类似的结构：

```
if let sound = soundDictionary[animal] where sound.hasPrefix("m") {
```

```
    print("Sound \(sound) starts with m")
}
```

模式匹配也可以遍历数组并且展开一个非 nil 值。正如从下面的代码段中所见，for-case-let 方法简化了可选值集合的操作：

```
// Collect sound optionals into array
let soundOptionals = ["cow", "rhino", "dog", "goose", "hippo",
    "pig"].map({soundDictionary[$0]})

print(soundOptionals) // [Optional("moo"), nil, Optional("bark"),
                      // nil, nil, Optional("squeal")]

for case let sound? in soundOptionals {
    print("The sound \"\(sound)\" appears in the dictionary")
}
```

你也可以在 guard 语句中使用模式匹配：

```
guard case let .Some(sound) = soundDictionary["cow"] else {fatalError()}
print(sound)
```

以上是苹果官方使用 GameplayKit 枚举的示例代码。它执行了一个枚举模式匹配并且绑定了 targetAgent 的关联值：

```
guard case let .HuntAgent(targetAgent) = mandate else {return}
```

3.3 可选链

在 Swift 中，可以通过添加句号(.)分隔符将方法和属性链接(chain)起来。在链中每个方法都会返回一个中间值。这使得调用被加入到一个单独的语句中而不需要存储中间结果的变量：

```
soundDictionary.description.characters.count
```

这种方法创建了一个连贯的接口，这非常简洁，并有着良好的可读性，你需要把一系列操作看成是一个组件。当然，危险在于超长的链接。如果你创建了一个超大行的代码，那么调试和阅读起来就非常困难，并且不易于添加注释或者更新，这就容易让你犯错。问一下自己，“我是否需要在这行语句中添加断点并进行单步调试呢？”如果答案是肯定的，那么这就是超长链。

Swift 引入了一个强大的功能——可选链(Optional Chaining)。Swift 方法的调用可能会返回一个可选项。Swift提供了一种可以让一个完整的链在遇到nil情况时优雅地失败的方式。

可选链就是在可选值后添加问号。例如，你可以在字典中查询一个animal的sound，并且使用可选链返回一个首字母大写的sound。

```
soundDictionary[animal]?.capitalizedString // Moo or nil
```

尽管capitalizedString通常返回一个非可选值，但是这条链返回String?类型。它有可能成功，也有可能失败，这取决于查询结果。

为链中任何返回可选值的参与者添加问号(?):

```
soundDictionary[animal]?.characters.first?.hashValue // returns Int?
```

可以通过把问号替换成感叹号来强制展开链中的任何项目。这种用法与本章前面讨论的强制展开的危险相同：

```
soundDictionary[animal]!.capitalizedString // Moo or Runtime Error
```

这是一个真实的示例，你可以使用可选链来简化if-let模式。在该Array的扩展中返回了最大元素的索引。Swift的标准库函数maxElement()基于序列是否有值要比较而返回一个可选值(苹果公司在标准库中写道，"如果序列为空，返回的最大元素就是`self`或`nil`")。

```
extension Array where Element:Comparable {
   var maxIndex: Int? {
      if let e =
         self.enumerate().maxElement({$1.element > $0.element}) {
         return e.index
      }
      return nil
   }
}
```

引入可选链极大地简化了上述代码，使你能够快速查找索引，并在maxElement调用失败时返回nil。秘诀3-2返回数组中最大值的索引。

秘诀 3-2 使用可选链简化求值

```
extension Array where Element:Comparable {
   var maxIndex: Int? {
      return self.enumerate().maxElement(
         {$1.element > $0.element})?.index
   }
}
```

扩展秘诀 3-2 的功能，让其适合所有的集合类型，代码如下所示：

```
extension CollectionType where Generator.Element: Comparable {
    var maxIndex: Index? {
        return self.indices.maxElement({self[$1] > self[$0]})
    }
}
```

3.3.1　选择器测试和可选链

可选链不只是将代码变成一行，它还能快速测试方法或属性选择器是否有响应。可选链提供了一个大致与 Objective-C 的 respondsToSelector:方法相同的功能，使你能够确定调用一个特殊的实例是否安全。

一般而言，你所使用的子类彼此间是直接相关联的，但其实现的方法集有所不同。例如，你可以从一个场景中检索一个 SpriteKit 节点的集合，然后调整形状节点的线条宽度。下面的代码片段使用了一个可失败的类型转换，后边跟一个可选链属性的赋值操作：

```
for node in nodes {(node as? SKShapeNode)?.lineWidth = 4.0}
```

这种选择器测试方法在纯 Swift 中也可以使用，如下面的示例所示：

```
// Root class put two subclasses
class Root {func rootFunc() {}}
class Sub1: Root {func sub1Func() {print("sub1")}}
class Sub2: Root {func sub2Func() {print("sub2")}}

// Create heterogeneous array of items
var items: [Root] = [Sub1(), Sub2()]

// Conditionally test and run selectors
(items[0] as? Sub1)?.sub1Func() // runs
(items[0] as? Sub2)?.sub2Func() // no-op, nil
```

这段代码构建了一个类型多元化的 Root 子类数组。然后执行有条件的类型转换，并在调用类特定的方法之前对选择器进行测试。

选择器测试使你能够在构建一个新实例之前测试一个方法是否存在。添加一个问号，确保调用 NSString“找不到选择器”时不会报运行时错误：

```
let colorClass: AnyClass = UIColor.self
```

```
let noncolorClass: AnyClass = NSString.self
colorClass.blueColor?() // returns a blue color instance
noncolorClass.blueColor?() // returns nil
```

这是 AnyClass 和 AnyObject 的一个特殊行为，它们只能处理 Objective-C 方法，这也是为了兼容 Class 和 id。这些是特殊情况，因为这些类型返回的函数是作为隐式展开的可选值来处理的。其他类型与此不同。

3.3.2　下标

与预期相反，带下标的可选链没有采用安全检查。你应该尽快在代码中识别这个重要因素。在下面的示例中，如果你尝试访问索引 8(在这个 6-元素数组中是第 9 个元素)，代码就会死在一个数组越界的致命错误上：

```
let array: Array? = [0, 1, 2, 3, 4, 5]
array?[0] // 0
// array?[8] // still fails
```

在该示例中，问号不具备安全查找的资格。数组后边的下标是必不可少的，在此是可选的。你在可选值后且在下标括号之前添加了链的内联注释。

可选链仅仅通过可选值来设置和检索下标值。它不能在下标失败的情况下短路，除非创建一个可失败下标的扩展，如下所示：

```
extension Array {
    subscript (safe index: UInt) -> Element? {
        return Int(index) < count ? self[Int(index)] : nil
    }
}
```

一旦添加了一个简单的数组安全的索引扩展，就可以选择一个下标的安全版本。在下面的调用中，Element?是 safe:下标的结果，它现在是可选值，并且可以被链接：

```
print(array?[safe: 0]?.dynamicType) // nil
print(array?[safe: 8]?.dynamicType) // Optional(Swift.Int)
```

3.4　可选映射

Swift 中的 map 和 flatMap 函数使你能够有条件地将函数应用于可选值。它们的调用是相似的，正如在下面的声明中所见，它们都是非常有用的工具：

```
/// If `self == nil`, returns `nil`. Otherwise, returns `f(self!)`.
func map<U>(f: @noescape (T) -> U) -> U?
/// Returns `f(self)!` iff `self` and `f(self)` are not nil.
func flatMap<U>(f: @noescape (T) -> U?) -> U?
```

map 闭包返回一个 U 类型，这可能是也可能不是一个可选值，然而 flatMap 闭包返回一个特殊的 U?类型，它总是可选类型。这些局限性只是意味着你可以使用 map 闭包返回一个非可选值，但是不能使用 flatMap 完成同样的事情：

```
// flatMap must return optional
print(word.map({string->String in string})) // compiles
// print(word.flatMap({string->String in string})) // errors
```

3.4.1 映射和链

当处理可选值时，map 和 flatMap 的行为都与链类似，但是你可以用任意闭包来替换链中的方法名和属性：

```
var word: String? = "hello"
var cap = word?.capitalizedString // Optional("Hello")
cap = word.map({$0.capitalizedString}) // Optional("Hello")
```

当你只想展开并使用该值时，就使用 map，该映射如下：

```
UIImage(named:"ImageName").map({print($0.size)})
```

它等效于下面的 if-let 语句：

```
if let image = UIImage(named:" ImageName ") {
   print(image.size)
}
```

映射和 if-let 对于这一特定的示例有着同样的代码复杂度。两者都由 UIImage(named:)返回展开的可选值并打印图片的尺寸。你可以辩论哪种方法更好。它们都将打开的结果绑定到一个本地常量，无论该常量是否有一个显式名称。

3.4.2 使用 flatMap 过滤 nil 值

flatMap 函数在可选值的范围内外都提供了较为实用的功能。对于可选值，可以使用 flatMap 来过滤掉 nil 值，并且很容易将一个可选的数组转换成一个含有展开值的数组：

```
let optionalNumbers: [Int?] = [1, 3, 5, nil, 7, nil, 9, nil]
let nonOptionals = optionalNumbers.flatMap({$0})
print(nonOptionals) // [1, 3, 5, 7, 9]
```

秘诀 3-3 调用了一个 flatMap，从而消除了 nil 实例并从它们的可选包装器中提取值。

秘诀 3-3　从可选数组中提取成员

```
func flatMembers<T>(array: [T?]) -> [T] {
    return array.flatMap({$0})
}
```

3.5　非托管包装器

在极少数情况下(这种情况越来越少)，一个 Core Foundation 函数可能会返回一个 C 指针或者一个对象的引用，并将其嵌入在一个非托管包装器中。在 Cocoa 中，你会在旧的、不经常使用且陌生的部分遇到该情况。钥匙串服务(Keychain Services)在这方面是一个臭名昭著的罪犯。在使用非托管引用时，必须先将它们转换到正常的内存管理系统中。

Unmanaged 包装器和 Optional 包装器类似，在你的代码与潜在严重的崩溃之间提供了一个安全层。Unmanaged<T>类型存储了一个指针，该指针指向的内存不受 Swift 运行时系统所控制。在使用这些数据前，你应该对这段内存应该怎么存活下去而负责。

在 Cocoa 中，经常会遇到与 Objective-C 进行对接的情况。使用 takeRetainedValue()展开任何对象，引用计数就会+1。这适合构建名称中带有 Create 或 Copy 的项目。为+0 操作使用 takeUnretainedValue()函数。

如果你有一个 Objective-C 框架，或正在开发一个希望别人在 Swift 应用中使用的框架——并且如果在你的 Objective-C 框架中有一些返回 Core Foundation 对象的函数或方法——就使用 CF_RETURNS_RETAINED 或 CF_RETURNS_NOT_RETAINED 来修饰函数或方法名。如果不修饰这些函数或方法，Core Foundation 对象就会作为非托管对象返回。

在Swift 2.0中，CF-IMPLICIT-BRIDGING-ENABLED和CF-IMPLICIT-BRIDGING-DISABLED会基于Core Foundation命名约定自动进行桥接。所以在审查API时要确保它们遵循get/copy/create约定，这样就可以避免特定的方法修饰。

例如，UTTypeCopyPreferredTagWithClass返回一个+1的CFString字符串实例。使用takeRetainedValue()对该结果进行赋值，确保对失败的调用进行测试。对nil值进行展开会引起崩溃，即使神奇恢复生命的药水也无法修复它。秘诀3-4展示了如何通过为一个给定的类型指示器返回一个首选的文件扩展来使用非托管包装器。

秘诀 3-4 非托管包装器中的条件绑定

```
import MobileCoreServices
Import Foundation

enum Error: ErrorType {case NoMatchingExtension}

public func preferredFileExtensionForUTI(uti: String) throws -> String {
   if let result = UTTypeCopyPreferredTagWithClass(
      uti, kUTTagClassFilenameExtension) {
      return result.takeRetainedValue() as String
   }
   throw Error.NoMatchingExtension
}
```

这个秘诀使用了条件绑定。UTTypeCopyPreferredTagWithClass() 函数返回 Unmanaged<CFString>?，这是一个可选实例。如果该调用失败就返回 nil，并且该函数抛出一个错误。通过给该函数传入几个常见的 UTI(如 public.jpeg 和 public.aiff-audio)来测试该秘诀:

```
let shouldBeJPEG = try PreferredFileExtensionForUTI("public.jpeg")
let shouldBeAIFF = try PreferredFileExtensionForUTI("public.aiff-audio")
```

使用 takeUnretainedValue() 展开 Core Foundation 中函数名带有 Get 的函数(如 CFAllocatorGetDefault()) 所创建的任何对象和通过非托管对象(如 kLSSharedFileListSessionLoginItems) 传过来的常数。这些项不会自动被你持有。与 takeRetainedValue()函数不同，当调用用takeUnretainedValue()函数来展开时不会消耗一个持有。

这些函数遵循苹果的 Memory Management Programming Guide for Core Foundation 中建立的模式，在该指南中你可以阅读更多关于“create rule”、“get rule”等其他内存所有权政策的细节。可以在网络中搜索该文档的最新版本。

3.6 小结

可选项是 Swift 开发中一个非常重要的部分。它们有着“值可能存在”的语义，使你能够存储和表示那些可能有数据也可能无数据的查询操作的结果。在日常操作中，可选项是一个强大的主力结构。

Swift 中提早返回的新语句 guard 可以让代码更简洁。现在你可以通过一个清晰的途径对缺失的值进行赋值、展开和使用。在 guard 和 nil 合并之间，Swift 2.0 可以用最小的开销和缩进来优雅地表示 fail-on-nil 和 fallback-on-nil 的情况。

Swift 2.0 中修订的错误处理也已经开始排除使用可选项作为哨兵值的角色。因为在方法调用时使用可选项来表示失败和成功的状态非常简单，所以这种使用方法仍然很常见。理想情况下，在 Swift 语言成熟后可选哨兵将会枯萎并且消亡，苹果的 API 将会赶上当前语言的特性。在这之前，在代码中使用有着明确错误定义的 throws 比使用可选项类型的哨兵要好得多。

nil 已出现，请做好准备。

第4章

闭包和函数

词法闭包(closure)为方法、函数和块参数提供了基础，这些都为开发 Swift 应用提供了强有力的支持。通过封装状态和功能，它们提升了结构的性能。闭包使你能够将函数作为参数进行传递，并将动作作为变量来处理，为以后的执行和重用做好准备。如果你是从其他语言转向 Swift，那么也许已经知道 lambdas、blocks 或者匿名函数这些特性。本章探讨闭包，展示闭包在 Swift 语言中的工作方式，以及如何将它们应用到应用中。

4.1 创建函数

当我初识 Swift 时，就想尝试如何以不同的方式来重写一个基本函数，以下是一个比较两个整数是否相同的测试示例：

```
func testEquality(x: Int, y: Int) -> Bool {
   return x == y
}
```

与其他 Swift 函数一样，该示例创建了函数名称和参数列表：

- func 关键字声明一个新函数，将该函数命名为 testEquality。
- 参数列表位于函数名之后的括号中。这些参数是整数类型(Int)，每个参数名和参数类型间使用冒号(:)进行分隔。
- 该函数返回一个 Swift 真值(Bool)。返回类型位于返回标志(return token)箭头的后方，该返回标志是由连字符(-)与大于号(>)组合而成的一个符号(->)。
- 大括号中是要执行的语句。

与其他编程语言一样，Swift 中也有许多方法来实现单一的目标。探索那些灵活的部分是有价值的学习经历。下面我们再次使用这个示例，并给你提供了机会来考虑构建功能时可能会遇到的一些特性。

4.1.1 参数名

在调用 testEquality 函数时，需要在圆括号中传入相应的参数。按照约定，Swift 编译器不会为第一个参数创建外部标签。这也就是在以下函数调用中没有用 x:的原因：

```
testEquality(0, y: 1) // returns false
testEquality(1, y: 1) // returns true
```

在人为的情况下，这种约定与函数的调用方式是不匹配的。由于该函数的命名规则和调用方式没有遵循 Swift 的约定，因此它在前面使用了 x:和 y:标签。幸运的是，额外的标签问题很容易改进。在函数声明时再次添加一个 x，告诉编译器在函数调用中需要一个显式标签：

```
func testEquality(x x: Int, y: Int) -> Bool {
  return x == y
}
```

现在可以在调用函数时为 x 和 y 参数添加标签。通过标签来更好地区分它们所赋的值：

```
testEquality(x: 0, y: 1) // returns false
testEquality(x: 1, y: 1) // returns true
```

双 x 的解决方案说明了外部参数名(external parameter names)是在函数调用时使用，而内部参数名(local parameter names)是在函数内部使用。第一个 x 告诉编译器函数签名应如何呈现给外部用户。这将覆盖默认的无标签的约定。第二个 x 提供了一个语义恰当的名称，该名称在函数内部作用域中使用。在本例中，外部参数名和内部参数名是相同的，但并非总是如此。

4.1.2 标签约定

Swift 2.0 中的约定与 Objective-C 的描述签名类似，需要跳过第一个标签，除此之外，函数名中要包括第一个参数的标签。这是语言版本的问题，因为在 Swift 2.0 被重新设计之前有着不同的规则。Swift 2.0 使得大多数用例中标签规则的使用更加一致。在 Swift 2.0 及之后，可以将一个函数名和第一个参数标签相结合，如下面的示例所示：

```
constructColorWithRed(0.2, green: 0.3, blue:0.1)
lengthOfString("Hello")
```

```
testEqualityBetweenX(3, andY:3)
```

每一个示例都鼓励你继续阅读前面的函数名，把标签包含到函数自身的功能描述中。创建描述时添加了一些介词，如 with、of 和 between。上面的示例函数可以描述为"construct color with red, green, and blue"、"length of string"或"test equality between x and y"。很自然地将函数名和标签与函数的使用方式进行了关联。其结果是自文档化的，而不依赖于记忆或查找来确定每个参数和类型在参数列表中的对应关系。

没有这个约定，函数的调用方式将更为简洁，并且减少了那些将参数与其角色相关联的辅助词。下面是比较流畅的函数调用方式：

```
constructColor(red:0.2, green: 0.3, blue:0.1)
length(string: "Hello")
testEquality(x:3, y:3)
```

当外部标签使用下划线(_)标记时，Swift 允许完全省略函数中的标签，此时函数的调用方式和 C 语言中的函数调用更为相似：

```
constructColor(0.2, 0.3, 0.1)
length("Hello")
testEquality(3, 3)
```

在每次修改中你可能都会争论语境是否足够清楚，但显然当前 Swift 的约定使得参数的使用更为清晰。虽然标签增加了你打字输入的开销(暂且忽略代码自动补全的功能)，但是它们促进了你以及任何参与协作或使用代码的开发者之间的沟通。支持可读性和自文档化一直是被提倡的一件事情。

在 Swift 2.0 之前，描述签名主要被用于方法，这些方法主要位于类、枚举或结构体中。自 Swift 2.0 开始，这种流畅优美的约定就扩展到了所有方法中，它们也被应用于其他作用域的函数或声明中。如同 testEquality 函数那样，你可以选择对这种默认形式进行重写，通过添加一个明确的标签来告诉编译器需要所有的标签，当然也包括第一个标签。

一个完全描述标签的指令(即每个参数都有一个标签)适用于构造函数，这些构造函数是一些构建类型实例的初始化器。除了模拟类型强制转换(例如 String(5) 或 Int("3"))的情况外，通常初始化器会为每个传入的值使用 Swift 标签。调用 Swift 的初始化器时既可以使用圆括号中的类型名称，也可以使用显式的 init：

```
struct MyStruct{
    let x: Int
    init(x: Int) {self.x = x}
    func myMethod(y: Int, z: Int){}
}
```

```
let s = MyStruct(x: 1) // first label by default
// let s = MyStruct.init(x: 1) // equivalent
s.myMethod(2, z: 3) // no first label by default
```

Swift 的 init 标签约定明确了每个参数在创建新实例时的使用方式，阐述了哪个初始化器将被调用。

4.1.3 方法和函数的命名

苹果官方在 Cocoa 编码规范(https://developer.apple.com/library/mac/documentation/Cocoa/Conceptual/CodingGuidelines/CodingGuidelines.html)中提供了 Swift 的编码建议。以下是一些建议，使用这些建议可以通过 Swift 的中心筛选器：

简单明了。为一些语境动词和介词添加名词。使用 removeObject(object, atIndex: index) 来替换 remove(object, at: index)。在不影响理解的情况下进行适当的简化。

避免缩写。优先使用printError(myError)而不是printErr(myErr)，使用setBackgroundImage(myImage)来代替setBGImage(myImg)。苹果公司在网上提供了一个可缩写的列表，但是建议你应避免在Swift中使用它们，当然像max和min这样常用的缩写除外。

避免歧义。考虑一个方法和函数名是否有多种解释。例如在 displayName 中，单词 display 是名词还是动词？如果不清楚，那么就对名称进行重写并消除这种模糊性。

保持一致。在你的应用和库中使用相同的术语来描述同一个概念。例如，避免在一个方法中使用 fetchBezierElements()，而在另一个方法中使用 listPathComponents()。

不要提及结构。避免在名称中使用 struct、enum、class、instance 和 object。buildDeckOfCards 比 buildDeckOfCardsStruct 更好。该建议不适用于集合的命名，如 array、set、dictionary 等，集合类型命名增加了动作细节(如 sortArray 或 selectBestChoiceFromSet)。

使用小写的方法名。从一个含有首字母缩略词(如 URLForAsset 或 QRCodeFromImage)的函数开始，使用常识进行调整，从而符合这条规则。虽然大多数开发人员为类型作用域外的函数使用小写命名，但你可以不这样做。大写的函数名可以从方法中立即区分出来，但是这种命名方式即将过时。这种做法相当普遍，其中也包括命名空间。

将单词value整合到基于类型的标签。优先使用toIntValue而不是toInt，优先使用withCGRectValue而不是withCGRect。

跳过 get。获取状态信息的函数应该描述它们要返回的内容。优先使用 extendedExecutionIsEnabled() 或者 isExtendedExecutionEnabled() 而不是 getExtendedExecutionIsEnabled()。当被计算的状态信息没有副作用或者执行的动作扩展到了实例之外时，就优先使用计算属性而不是方法。

使用介词时应避免使用 and。Apple 专门指出要避免 and 这个单词。在初始化时，使用(view:, position:)参数来代替(view:, andPosition:)。

如果你真的在使用 and，当它与参数列表有语义关联时就应该保留它，例如使用“red, green, and blue”浮点值来构建颜色(color)。在这种情况下，这是不可能去掉 and 的，关键字的调整会中断这些条目之间的关系。纯粹主义者将会继续反对这样做。

在一个方法描述了两种截然不同的动作的情况下，Apple 允许使用 and，例如 openFile(withApplication:, andDeactivate:)。

使用美国短语标准。优先使用 initialize 而不是 initialise，优先使用 color 而不是 colour，这些单词由 Apple 所提供。然而，accessoriseAgeingDataCentreStore 是比较随意的命名方式。

当有疑问时，模仿 Apple 的编码风格。在 Apple API 中对相似的概念进行搜索并且将其方法签名作为指南。可以通过 Objective-C 获得灵感。作为经验法则，并不是所有的 Apple API 都对 Swift 做了审查。它们的自动化翻译可能没有提供已充分考虑好的示例。

4.1.4　外部和局部参数

区分外部和局部参数名使你能够区分函数被调用和被使用的方式。下面的 testEqualityBetweenX:andY:示例中创建了一个函数，该函数在被调用时带有一个 andY:外部参数标签：

```
func testEqualityBetweenX(x: Int, andY y: Int) -> Bool {
   return x == y
}
testEqualityBetweenX(1, andY: 2) // false
```

在函数内部，使用 y 会多一些。

如果使用下划线作为外部参数名，那么在函数调用时就可以不用添加标签。下面的示例将 testEquality 函数修改为接受两个无标签参数：

```
func testEquality(x: Int, _ y: Int) -> Bool {
   return x == y
}
testEquality(1, 2) // false
```

Swift 的约定意味着你只需要为 y 修改外部名称。编译器会跳过第一个参数的标签。

4.1.5　默认参数

可以通过为参数设定默认值的方式来选择参数。调用者可以提供特定的自定义值或跳过该参数，并接受在默认参数子句中声明的默认值。例如，在调用以下 Coin 枚举中的 flip 方法时，你可以不传入参数(默认翻转一次)，也可以传入一个整数(表示硬币翻转的次数)：

```
enum Coin {
    case Heads, Tails
    mutating func flip(times: Int = 1) {
        if times % 2 == 0 {return} // even means no flip
        switch self {
            case Heads: self = Tails
            case Tails: self = Heads
        }
    }
}

var coin = Coin.Heads
coin.flip() // tails
coin.flip(50) // tails
```

如果不传入参数，参数的默认值就为 1，也就是硬币翻转一次。

注意：

在 flip 声明中使用 mutating 关键字来标记修改结构体的方法。类方法不需要该关键字也可以随时修改实例。

默认参数使你能够以预料之外的方式来调用 Swift 函数。当使用类似下面的示例添加默认参数时，就可以基于标签对参数重新排序：

```
extension Coin {
    func prettyPrint(lhs lhs: String = "[", rhs: String = "]") {
        print("\(lhs)\(self)\(rhs)")
    }
}
coin.prettyPrint() // [Coin.Tails]
coin.prettyPrint(rhs: ">") // [Coin.Tails>
coin.prettyPrint(lhs: "<") // <Coin.Tails]
coin.prettyPrint(lhs: ">", rhs: "<") // >Coin.Tails<
coin.prettyPrint(rhs: ">", lhs: "<") // <Coin.Tails>
```

编译器会根据你提供的参数标签和位置来推断函数的调用方式。

前面的 prettyPrint 示例为 lhs 添加了一个外部参数名(即 lhs lhs)，以确保每个参数都有一个显式的标签。没有外部名称，Swift 提供了以下稍微有些奇怪的行为：

```
extension Coin {
```

```
    func prettyPrintNoLabel(lhs: String = "[", rhs: String = "]") {
        print("\(lhs)\(self)\(rhs)")
    }
}
coin.prettyPrintNoLabel() // [Coin.Tails]
coin.prettyPrintNoLabel(rhs: ">") // [Coin.Tails>
coin.prettyPrintNoLabel("<") // <Coin.Tails]
coin.prettyPrintNoLabel(">", rhs: "<") // >Coin.Tails<
coin.prettyPrintNoLabel(rhs: ">", "<") // <Coin.Tails>
```

你仍然可以排列参数，并且没有标签的参数仍然可以与第一个参数相绑定。

当省略两个外部名称时，Swift编译器就只有通过位置来区分两个参数，所以此时它可以指定特定位置来进行参数绑定。下面的示例展示了函数在存在默认值的情况下的工作方式：

```
extension Coin {
    func prettyPrintNoLabelsAtAll(lhs: String = "[", _ rhs: String = "]") {
        print("\(lhs)\(self)\(rhs)")
    }
}

coin.prettyPrintNoLabelsAtAll() // [Coin.Tails], both defaults
coin.prettyPrintNoLabelsAtAll("<") // <Coin.Tails], second default
coin.prettyPrintNoLabelsAtAll(">", "<") // >Coin.Tails<, no defaults
```

4.1.6 常量和变量参数

Swift参数使用let和var来表示它们的值是不可变(赋值之后存储的值不可被修改)还是可变(赋值后可以对其存储的值进行修改)。一些开发者没有意识到闭包和函数的参数也可以使用var和let进行注解。例如，下面的函数声明使用了let和var关键字来表明参数的可变性：

```
func test(let x: String, var y: String) {}
```

let关键字是多余的：所有参数默认都是常量参数；它们不能在函数的作用域中被修改。这一点会在编译时进行检查，这取决于是否将参数更改为毫无意义的值。使用var关键字要确保参数在每次值更新时是有意义的。例如，下面的代码段在编译时会出现错误，因为不能对常量x再次赋值。

```
func test(x: String, var y: String) {x = "Hello"} // error!
```

下面是进行赋值操作的一个示例。可以给y赋一个新的值，因为y是可变参数：

```
func test(x: String, var y: String) {y += " World"; print(y)}
```

尽管可以在函数中对 y 值进行调整，但被调用的参数 y 和其他变量在函数外不会被修改。该参数的值先被复制，之后在函数的作用域内再进行更新。

4.1.7 修改参数

为了修改外部变量的值，使用 Swift 的 inout call-by-reference 复制与回写机制。添加一个 inout 关键字并且在打算修改的参数之前添加&前缀。以下是结合这些概念的一个示例。adjustValues 函数展示了各种参数的调用情况：

```
func adjustValues(
    var varParameter: Int,
    letParameter: Int,
    inout inoutParameter: Int) {
    varParameter++ // updates only within function scope
    // letParameter++ // compile-time error
    inoutParameter++ // updates within and outside function scope
    print("\((varParameter, letParameter, inoutParameter))")
}
var x = 10; var y = 20; var z = 30 // assign
print("Before: \((x, y, z))") // (10, 20, 30), check
adjustValues( x, letParameter:y, inoutParameter: &z)[1]
    // prints (11, 20, 31)
print("After: \((x, y, z))")
    // (10, 20, 31) z has now changed and x has not
```

在这个例子中，varParameter 在函数中是自增的，但是这种改变并不会影响原始变量。inoutParameter 在函数中也做了自增运算，但是 z 的值也会随之改变。在 Swift 中，对 inout 参数赋值期间，不必解除对指针的引用。

现在考虑下面的赋值操作：

```
let w = 40
```

可以将 w 传递给 adjustValue[2]的第一个和第二个参数。虽然在函数作用域外 w 值是不可修改的，但是不影响在函数中使用 w。然而，你不能给 adjustValue 的第三个参数传入&w，即使这种情况下不会有编译错误。不能通过这种方式给这个不可变参数赋予新的值。

---

[1] 译者注：原英文书中此行代码有误。

[2] 译者注：原英文书中此处为 AdjustValue，有误。

4.2　闭包和函数

在 Swift 中，闭包和函数非常相似，但两者之间的细节还是有所不同的。对大多数情况而言，闭包就是匿名(即无名称)函数，函数是被命名的闭包。它们都提供一个可被执行的功能块，并且它们都从其封闭的作用域中获取值。

4.2.1　函数类型

每个函数或者闭包都有类型。下面的 testEquality 函数的类型是(Int, Int)->Bool：

```
func testEquality(x x:  Int, y: Int) -> Bool {[3]
   return x == y
}
```

(Int, Int) ->Bool 类型由一个输入类型元组、一个箭头标记和一个输出类型组成。元组(tuple)泛指一个被圆括号包围的元素序列，元素间由逗号分隔。元组可能看起来有点像数组，但与数组的语法不同。元组表示有着潜在不同类型的定长向量，然而数组是一个有序的数据集合，而这些数据共享一个统一的数据类型。

可以通过将函数 testEquality 输入到 Swift 的源文件或者 Playground 中并打印 testEquality.dynamicType 来确定该函数的类型。控制台将会输出(Swift.Int, Swift.Int) ->Swift.Bool，每个类型名称前面都会带有Swift类型定义的模块。

如下面的示例所示，可以通过将一个闭包实例赋值给常量或变量来复制方法的功能：

```
let testEqualityClosure = {
   (x x: Int, y y: Int) -> Bool in
   return x == y
}
```

注意函数和闭包之间的标签约定的轻微区别。默认情况下，闭包参数没有使用外部参数名。这些参数添加了 x 和 y 标签，使用 x x 和 y y 来复制独立函数所使用的调用模式。

该闭包由定义参数绑定的签名和返回类型组成。关键字 in 出现在签名之后，且在函数语句之前，貌似在说“在这些语句中使用这些参数”。当在闭包中添加一个显式的签名时，in 关键字是必不可少的。

由此创建的参数可以让你像调用由 func 构建的函数那样来调用该闭包：

```
testEqualityClosure(x: 1, y: 2) // false
```

---

[3] 译者注：原英文书中此行代码有误。

```
testEqualityClosure(x: 1, y: 1) // true
```

注意：

在本书编写时，Apple 仍在解决如何使用编译器来处理函数类型转换的问题。Apple 在之前的 Swift 2.1 beta 版的发布笔记中写道，“现在支持函数类型间的转换，在函数结果类型中表现协变(Conversions)，在函数参数类型中表现逆变(contravariance)。例如，现在将一个 Any ->Int 类型的函数赋值给类型为 String -> Any 的变量是合法的”。这种行为在你阅读这书时可能会改变。

4.2.2　使用元组实参

Swift 允许你传入元组作为函数和闭包的实参。编译器会匹配所提供的实参和输入类型元组之间的关系，这意味着可以通过一个实参传入所有的形参。

元组实参是内部带有有序成员的匿名结构。带有.x 和.y 标签的元组(x:, y:)在本质上与无标签元组使用.0 和.1 来匹配标签是一样的：

```
let testArgs = (x:1, y:1)
print(testEquality(testArgs)) // prints true
print(testEqualityClosure(testArgs)) // prints true
```

在当前 Swift 中，元组标签必须与函数或闭包的签名相匹配。如果标签与函数的签名不匹配，就会遇到编译错误。

把元组实参与 Swift 中的映射(map)相结合可以创建一个令人心动的结果。例如，可以使用 Swift 的 zip 函数从参数数组中创建标签元组，然后通过映射将函数或者闭包应用于每个元组对中。这种实现方式看起来如下所示：

```
let pairs = zip([1, 2, 3, 4], [1, 5, 3, 8]).map({(x:$0.0, y:$0.1)})
let equalities = pairs.map({testEquality($0)})
let equalities2 = pairs.map({testEqualityClosure($0)})
print(equalities) // true, false, true, false
print(equalities2) // true, false, true, false
```

第一行语句创建了带有标签的元组对。该示例比较了两个数组中对应的元素，检查数组下标对应的元素是否相同。传递给 map 的闭包重定向了(x:, y:)元组。或者也可以在 map 闭包的签名中转换(Int, Int)元组，以使用(x: Int, y: Int)标签：

```
let equalities3 = zip([1, 2, 3, 4], [1, 5, 3, 8]).map({
    (tuple: (x:Int, y:Int)) in  testEquality(tuple)})
```

4.2.3 使用实参名缩写

当 Swift 知道类型和位置时，它实际上不需要形参名。接下来这个版本的 testEquality 是一个简单的闭包，它的实参是通过位置来定义的，$0 对应着第一个实参，往后就是$1、$2，以此类推：

```
let testEquality: (Int, Int) -> Bool = {return $0 == $1}
testEquality(1, 2) // false, but no labels in call
testEquality(2, 2) // true, but no labels in call
```

这些位置上的匿名参数被称为参数名缩写(shorthand argument names)。在闭包中没有定义 x 或 y 或者其他的参数标识符。在该示例中，函数原型被移动到了闭包的作用域之外。该(Int, Int) ->Bool 原型声明了 testEquality 的类型，使得编译器可以将该类型与右边的行为相匹配。没有显式的类型，Swift 将不能推断出两个匿名闭包参数的角色或者确定它们是否可以使用==操作符进行比较。

为了与上述示例相匹配，以下代码中为签名添加了外部标签。以下示例在保留匿名内部绑定的情况下添加了外部标签：

```
let testEquality: (x: Int, y: Int) -> Bool = {return $0 == $1}
testEquality(x: 1, y: 2) // false
testEquality(x: 2, y: 2) // true
```

当使用显式类型时，你可以使用 labels-in 方法为位置绑定一个名称。如以下示例所示：

```
let testEquality: (x: Int, y: Int) -> Bool = {x, y in return x == y}
```

编译器从显式类型赋值中获取外部标签和类型。在 in 关键字之前将其与内部名称进行关联。将此实现与下面完全限定的版本进行比较：

```
let testEqualityFull: (x: Int, y: Int) -> Bool = { // typed closure assignment
    (x: Int, y: Int) -> Bool in // closure signature
    return x == y // statements
}
testEqualityFull(x:1, y:2) // false
testEqualityFull(x:2, y:2) // true
```

Swift 标准库中提供了将数据强制转化为位置参数的方式。forEach 函数对序列中的每个成员进行处理。使用 withExtendedLifetime 函数可以在闭包中创建位置参数。

```
[1, 5, 2, 9, 6].forEach{print($0)}
[(2, 3), (5, 1), (6, 7)].forEach{print($0)} // pairs
```

```
[(2, 3), (5, 1), (6, 7)].forEach{print("a: \($0) b: \($1)")} // split
let a = 1; let b = 2
withExtendedLifetime(a, {print("a: \($0)")})
withExtendedLifetime((a, b)){print("a: \($0) b: \($1)")}
```

除了确保在闭包的生命周期结束之前该值不被销毁外，withExtendedLifetime 函数的匿名参数使你能够在没有创建中间变量的情况下捕获和使用相应的值。

注意：
元组迁移使你能够同时将一个匿名元组赋值给另一个匿名元组：

```
(x, y) = (y, x)
(x, y, z, w) = (w, x, y z)
```

在优化编译性能时，swap(&x, &y) 和 let tmp = x; x = y; y = tmp 的性能区别不大，并且简单的声明方式有助于让你的意图更为明确。

4.2.4 推断闭包类型

当使用无类型闭包赋值时需要小心，正如下面的示例所示。编译器可以推断的只有这些。以下是两个不错的赋值操作：

```
let hello = {print("Hello")}
let random = {return Int(arc4random_uniform(100))}
```

通过在函数名后方添加()来调用这些函数，例如 hello()和 random()。第一个函数的类型是()->Void。它没有参数且没有返回值。第二个函数返回 0 到 99 之间的一个整数。它的类型是()->Int。

注意：
关键字 Void 是()的别名。Void 在返回类型中使用，()则表示参数列表为空。

考虑下面这个存在问题的声明。由于存在歧义，因此编译器不能处理它：

```
let printit = {print($0)} // this is problematic[4]
```

Swift编译器无法推断$0位置参数的类型。默认情况下，编译器希望该类型是无返回值的闭包，如()->Void，但是源代码引用了一个匿名的位置参数。这不是一件好事情。作为经验法则，你总是想把位置参数与类型签名进行关联绑定。

可以在闭包参数中使用匿名参数，但不能在独立的函数中也使用匿名参数。例如，

---

[4] 译者注：在最新版本的 Swift 中，此代码可以编译并正确调用，该形式函数默认类型为(Any)->()。

MutableCollectionType 的 sortInPlace 函数带有一个参数，该参数是一个带有两个参数并且返回 Bool 值的闭包：

```
mutating func sortInPlace(isOrderedBefore:
   (Self.Generator.Element, Self.Generator.Element) -> Bool).
```

通过传入比较两个参数的闭包可以实现排序。返回的布尔值说明第一个参数是否应该排在第二个参数之前。由于闭包类型作为参数写起来有些困难，因此你可以自由地使用位置参数返回一个简洁的排序测试，如下面的示例所示：

```
let random = {return Int(arc4random_uniform(100))}
var nums = (1...5).map({_ in random()}) // 5 random Ints
nums.sortInPlace({$0 > $1}) // reverse sort
```

注意：

把相同的参数用于 sort 函数，会返回原始集合的一个副本，而不是更新原始集合中的值。对于使用 let 关键字赋值的不可变数组，不能使用 sortInPlace 函数。

因为闭包是 sortInPlace 函数的最终参数(本例中仅有闭包参数)，所以可以省略括号。下面的写法：

```
nums.sortInPlace({$0 < $1})
```

可以被替换为：

```
nums.sortInPlace{$0 < $1}
```

这种形式称为尾随闭包(trailing closure)。它被添加在外部并且在任何括号包围的参数之后。程序化的执行更倾向使用尾随闭包，而不是传值或直接让过程使用(例如 Grand Central Dispatch 或 Notification Center)。花括号表示独立的作用域。为那些作用域中有返回值的函数保留圆括号。这种做法可以立即区分过程闭包和功能闭包，尤其是在将结果进行链接时。

注意：

有些开发者喜欢添加空格将尾随闭包与函数调用隔离开来，如 functioncall {}。我更喜欢没有空格的格式，正如你在本书中看到的那样。在大括号和代码之间添加空格是另一种常见的做法，这样可以在调用一行代码时增加代码的可读性：functioncall{ ...code... }。

在原地排序的闭包示例中省略了 return 关键字，这是因为可以从上下文中暗示返回内容。当使用一个带有返回类型的闭包时，Swift 会假定一行代码创建一个返回值。当使用 testEquality 时，可以建立一个更为简单的闭包：

```
let testEquality: (Int, Int) -> Bool = {$0 == $1}
```

4.2.5 参数类型推断

Swift 提供了一些有趣的声明变量的方式。例如，可以使用已声明的闭包类型通过位置来推断变量角色。在下面的示例代码中，已知 x 和 y 参数的类型是整数。Swift 会将它们与闭包外变量声明中的原型相匹配：

```
let testEquality: (Int, Int) -> Bool = {
    (x, y) -> Bool in
    x == y
}
```

该声明建立了返回类型，所以为了减少冗余，可以在闭包内省略返回的 Bool 类型：

```
let testEquality: (Int, Int) -> Bool = {
    (x, y) in
    x == y
}
```

如果愿意，也可以把所有代码进行压缩，将 x == y 与(x, y)放在同一行上：

```
let testEquality: (Int, Int) -> Bool = {(x, y) in x == y}
```

如果确实想寻找一种最简单的表达式，那么将不会看到比下面这个示例再简单的表达式了，该示例中提供了一个操作符函数。在此，已经省略了可以推断出的所有细节：

```
let testEquality: (Int, Int) -> Bool = (==)
```

4.2.6 声明类型别名

顾名思义，类型别名为你提供了引用类型的一种可供选择的方式。可以使用 typealias 关键字来创建一个类型别名。最常用的方法是将复杂的类型转换成一致可重用的组件并且符合 Swift 的协议类型。声明类型别名可以简化重复声明，尤其是当使用闭包作为参数时。下面的代码段中声明了一个 CompareClosureType，它被设置为(Int, Int) ->Bool 类型。一旦声明完毕，就可以在任何地方使用别名来指定类型：

```
typealias CompareClosureType = (Int, Int) -> Bool
let testEquality: CompareClosureType = {$0 == $1}
```

现在正在对 Xcode 进行优化，以显示错误消息中的原始类型注释。例如，你可能试图访问之前声明的 testEquality 常量中的一个并不存在的属性：

```
print(testEquality.nonExistentProperty)
```

因为调试模板的诊断功能涉及一个类型别名，所以 Xcode 添加了一个带有 aka (also known as 的简写)和原始类型的批注：

```
error: value of type 'CompareClosureType' (aka '(Int, Int) -> Bool') has no
member 'nonExistentProperty'
```

这种行为不仅能使你看到一个直观的类型名称，还能看到它的基本定义。

4.2.7　嵌套函数

由于函数是第一级类型，因此一个函数可以将另一个函数作为值返回。秘诀 4-1 选择并返回一个嵌套函数。

秘诀 4-1　返回嵌套函数引用

```
// Kinds of comparison
enum CompareType{case Equal, Unequal}

// Comparison function factory
func compareFunction(comparison: CompareType) -> (Int, Int) -> Bool {
    // Function that tests equality
    func testEquality(x: Int, y: Int) -> Bool {return x == y}

    // Function that tests inequality
    func testInequality(x: Int, y: Int) -> Bool {return x != y}

    // Return a function
    switch comparison {
    case .Equal: return testEquality
    case .Unequal: return testInequality
    }
}

compareFunction(.Equal)(1, 2) // false
compareFunction(.Equal)(1, 1) // true
```

更常见的是，嵌套 Swift 函数能使你通过提供特定的不需要在更广泛的范围内执行的实用程序来隐藏具体的细节。在秘诀 4-2 中，嵌套的 factorial 函数对外是不可见的。

秘诀 4-2 为可重用的内部组件嵌套基本函数

```
// Return n choose i
// This is not an efficient or ideal implementation
func n(n: Int, choose i: Int) -> Int {
    // n >= i
    precondition(i < n, "n choose i is not legal when n (\(n)) < i (\(i))")

    // i > 0 guarantees that n > 0
    precondition(i > 0, "choose value i (\(i)) must be positive")

    // Nested factorial function helps organize code
    func factorial(n: Int) -> Int {return (1...n).reduce(1, combine:*)}

    // Compute the choose results
    return factorial(n) / (factorial(i) * factorial(n - i))
}

print(n(5, choose:3)) // 10
print(n(10, choose:4)) // 210
```

也可以在闭包中嵌套函数，如秘诀 4-3 所示。

秘诀 4-3 在闭包中嵌套函数

```
let myFactorialFactoryClosure: () -> (Int) -> Int = {
    func factorial(n: Int) -> Int {return (1...n).reduce(1, combine:*)}
    return factorial
}

let fac = myFactorialFactoryClosure()
fac(5) // 120
```

嵌套函数可以直接访问外部函数作用域中声明的变量。在下面的示例中，内部函数 incrementN 每次被调用时都会对 n 变量进行加 1 操作：

```
func outerFunc() -> Int {
```

```
    var n = 5
    func incrementN() {n++}
    incrementN()
    incrementN()
    return n
}

outerFunc() // 7
```

4.3 元组

与许多其他现代编程语言类似，在Swift中，元组也将条目进行分组。一个Swift元组是由圆括号括起来并由逗号分隔的序列。到目前为止，你已经在闭包和函数的使用中接触到了一点点元组的概念。本节将更充分地探讨这些特性，深入介绍元组的工作方式。

元组本质上是匿名结构体。它们允许你以一个可寻址的方式来组合类型。例如，元组 (1, "Hello", 2.2)或多或少等同于下面的struct实例：

```
struct MyStruct {
    var a: Int
    var b: String
    var c: Double
}
let mystruct = MyStruct(a: 1, b: "Hello", c: 2.2)
```

(1, "Hello", 2.2)元组没有使用标签，但结构体是有标签的。你可以使用.0, .1, .2来访问元组属性，使用 .a, .b, .c来访问结构体属性。如本章前面所述，你可以给元组添加标签。例如，(a:1, b:"Hello", c:2.2)就是一个合法的元组。

```
let labeledTuple = (a:1, b:"Hello", c:2.2)
labeledTuple.1 // "Hello"
labeledTuple.b // "Hello"
```

当使用标签定义元组时，既可以使用序列(.0, .1, .2)也可以使用名称(.a, .b, .c)来访问元组。然而，你不能引用结构的字段顺序。Swift没有提供一个统一的结构体/元组/类类型。虽然这些事情看起来似乎大同小异，但熟悉语言内部的人向我保证有迫不得已的理由，目前还未出现这种情况

可以通过反射以有限的方式来访问子属性。下面的示例展示了如何可视化结构体或者元组的子属性：

```
let mirror1 = Mirror(reflecting: mystruct)
mirror1.children.count
mirror1.children.forEach{print("\($0.label): \($0.value)")}
let mirror2 = Mirror(reflecting: labeledTuple)
mirror2.children.count
mirror2.children.forEach{print("\($0.label): \($0.value)")}
```

然而，你不能以任何有意义的方式使用这些类型的值。此时，镜像(mirroring)仅仅被用来调试输出。

当运行上面的例子时，mystruct 和 labeledTuple 镜像的显示值是相同的，但标签是不同的：

```
Optional("a"): 1
Optional("b"): Hello
Optional("c"): 2.2
Optional(".0"): 1
Optional(".1"): Hello
Optional(".2"): 2.2
```

4.3.1 将元组转换成结构体

不能简单地将结构体转换成元组，但可以以有限的方式将元组转换成结构体：

```
let labeledTuple = (a:1, b:"Hello", c:2.2)
let mystruct = MyStruct(labeledTuple)
```

上述代码可以编译并且运行，但实际上没有通过元组来创建结构体，而是将元组作为结构体的初始化器的参数。几乎所有的参数列表都可以传入元组——如初始化器、函数、方法、闭包等。

因为结构体是通过默认的初始化器来创建的，所以不能使用一个无标签元组来构建 MyStruct 结构体，例如(1, "Hello", 2.2)。必须添加一个不需要标签的初始化器。下面的示例创建了第二个初始化器：

```
struct MyStruct {
    var a: Int
    var b: String
    var c: Double
    init (a: Int, b: String, c: Double) {
        self.a = a; self.b = b; self.c = c
    }
```

```
    init (_ a: Int, _ b: String, _ c: Double) {
        self.init(a:a, b:b, c:c)
    }
}

let labeledTuple = (a:1, b:"Hello", c:2.2)
let mystruct = MyStruct(labeledTuple)

let unlabeledTuple = (1, "Hello", 2.2)
let mystruct2 = MyStruct(unlabeledTuple)
```

一旦添加的初始化器既可以匹配有标签的元素也可以匹配无标签的元素，就可以通过任意一种元组来构造结构体了。

4.3.2　元组返回类型

函数、方法和闭包可以返回元组以及其他任意返回类型。元组提供一种便利的方式，可以将一系列相关信息组合在一起，就像一个非正式的匿名结构体。在下面的示例中，MyReturnTuple 返回了一个带有标签的元组：

```
func MyReturnTuple() -> (a:Int, b:String, c:Double) {
    return (1, "Hello", 2.2)
}
```

下面是一个更有意义的示例，一个 Web 服务方法可能会返回一个 HTTP 状态码元组，如(404, "Page not Found")：

```
func fetchWebStatus(url: NSURL) -> (Int, String) {
    // ...function code here...
    return (418, "I'm a Teapot (see RFC 2324)")
}
```

可以通过赋值的方式来分解元组。一个单一的赋值可以存储元组中所有的值。元组赋值可以通过位置来提取元素：

```
let returnValues = fetchWebStatus() // returns tuple
let (statusCode, statusMessage) = returnValues // breaks tuple into components
```

当你仅仅对元组的某些值感兴趣时，可以使用下划线(_)来忽略字符，从而可以跳过特定的赋值。换句话说，就是通过位置来获取状态信息：

```
let statusMessage = returnValues.1
```

为此，也可以使用如下语句：

```
let (_, statusMessage) = returnValues
```

4.4 可变参数

有时你不知道需要传递给函数多少个参数。顾名思义，一个可变参数表示函数中参数的个数是可变的。例如，秘诀 4-4 打印了当前传入值的总和。

秘诀 4-4 使用可变参数计算总和

```
func RunningSum(numbers: Int...) {
    var sum = 0
    for eachNumber in numbers {
        sum += eachNumber
        print("\(eachNumber): \(sum)")
    }
    print("Sum: \(sum)")
}
```

Int 类型后的三个句点(...)表示 numbers 是一个可变参数。当使用这种方式声明参数时，可以传入 0 个或者更多个值。

```
RunningSum()
RunningSum(1, 5, 3, 2, 8)
```

上面的函数将这些参数作为一个数组(在本例中是[Int]类型的数组)，尽管这些条目不是以数组的形式传入的。你可以在每个函数中定义一个可变参数，并且该可变参数可以出现在任何位置，如下面的示例所示，可变参数位于函数参数列表的起始位置：

```
func contextString(items: Any..., file: String = __FILE__,
    function: String = __FUNCTION__, line: Int = __LINE__) -> String {
    return "\(function):\(self.dynamicType):\(file):\(line) " +
        items.map({"\($0)"}).joinWithSeparator(", ")
}
```

秘诀 4-5 为可变参数提供了另一个示例。这个 Array 扩展允许你同时使用多个下标来查询数组元素。你可能想创建一个数组并通过 array[3, 5]或 array[7, 9, 10, 4]这样的索引来查找数组。该扩展在单个索引下标的基础上为 Array 添加了两个或多个索引下标。

秘诀 4-5　多索引的数组下标

```
extension Array {
    typealias ArrayType = Element
    subscript(i1: Int, i2: Int, rest: Int...) -> [ArrayType] {
        var result = [self[i1], self[i2]]
        for index in rest {
            result += [self[index]]
        }
        return result
    }
}
```

上述实现使用了三个参数来避免与单个下标的实现发生冲突。如果使用两个参数(Int, Int...)的形式，那么在调用时就不能与单个下标(Int)的形式进行区分。这是因为可变参数可以接受 0 个或多个值。为此，所使用的方法签名就不能与 Swift 自带的索引下标相混淆。合适的解决方案是前两个参数使用不可变参数，第三个参数使用可变参数：(Int, Int, Int...)。当传入两个以上的参数时，Swift 知道调用该扩展中的函数：

```
let foo = [1, 2, 3, 4, 5, 6, 7]
print(foo[2]) // prints 3, defaults to built-in implementation
print(foo[2, 4]) // prints [3, 5]
print(foo[2, 4, 1]) // prints [3, 5, 2]
print(foo[2, 4, 1, 5]) // prints [3, 5, 2, 6]
```

4.5　捕获值

考虑以下代码段：

```
var item = 25
var closure = {print("Value is \(item)")}
item = 35
closure()
```

上述代码段创建了一个输出变量 item 的值的闭包。在运行时，应该输出 25(闭包创建时变量的值)还是 35(变量引用指向的内存的当前内容)呢？

如果在 App 或者 Playground 中运行此段代码，就会发现该段代码的输出结果是 35 而不是 25。Swift 闭包默认是捕获引用而不是值。这种行为不同于 Objective-C 中的 block，在 Objective-C 中需要使用__block 关键字来获得这种行为。执行打印的是 item 中时刻存储的值，而不是声明时的值。为了改变这个行为，并且捕捉在定义闭包时 item 的值，要使用 capture list(捕获列表)，如下所示：

```
var item = 25
var closure = {[item] in print(item)}
item = 35
closure()
```

使用[i]能够捕捉 i 在创建闭包时的值，而不是 i 在运行时的值。捕获列表作为第一项出现在闭包中，位于任何参数子句或标识符列表之前，并且必须使用 in 关键字。下面是另一个示例，在该示例中使用了一个类的实例来替换上面示例中的整数：

```
class MyClass {
    var value = "Initial Value"
}

var instance = MyClass() // original assignment
var closure2 = {[instance] in print(instance.value)}
instance = MyClass() // updated assignment
instance.value = "Updated Value"
closure2() // prints "Initial Value"
```

如果从捕获列表中省略了[instance]，那么该示例就会输出 Updated Value，引用实例中存储的是更新后的变量。对于捕获列表来说，打印的是初始值。这个值也就是被闭包捕捉到的存储的原始值。

捕获列表使你能够避免循环引用，循环引用意味着闭包引用了自身的实例。当使用 completion block、通知处理程序和 Grand Central Dispatch block 时，通常会出现循环引用。在几乎所有的情况下，都可以使用弱引用(weak references)来消除循环引用。

在捕获列表中添加 weak 关键字，并且在使用该引用值之前将其展开。以下是开发中一个真实的模式示例：

```
class Bumpable {
    var weakBumpValueClosure: () -> Void = {}
    private var value = 0
    func showValue() {print("Value is now \(value)")}
    init() {
        self.weakBumpValueClosure = {
```

```
            [weak self] in
            if let strongSelf = self {
                strongSelf.value++
                strongSelf.showValue()
            }
        }
    }
```

该闭包使用了弱 self 的捕获；一个弱引用在实例被释放时会被归 0(即被设置成 nil)。因此，必须将它们视为可选项并在使用之前进行展开。该示例中使用了 if-let 语句来绑定可选项。如果该实例在开始绑定时仍然有效，那么该绑定将确保其在该作用域中使用时仍然有效。如果 self 引用在使用时已经无效，那么捕获的值将会被设置成 nil，并且 if-let 语句也不会执行。没有伤害，就没有犯规。

可以使用第二种方法——unowned 捕获，但这种方法非常危险。这与 Objective-C 的 unsafe-unretained 等效，不推荐使用它。Apple 说不受控制的引用可以在一种情况下使用，那就是“闭包和它捕获的实例总是彼此引用，并且会被同时释放”。不像弱引用在实例被释放时会被设置成 nil 一样，一个不受控制的引用(unowned reference)不是一个可选项。只要闭包存在，unowned 捕获就应一直存在。一个不受控制的引用大致与使用弱类型的值进行强制展开的情况类似。

如果使用得当，不受控制的引用不是可选值，不展开也可以直接使用。考虑下面的示例：

```
public func dispatch_after(delay: NSTimeInterval,
    queue:dispatch_queue_t = dispatch_get_main_queue(),
    block: dispatch_block_t) {
        let delay = Int64(delay * Double(NSEC_PER_SEC))
        dispatch_after(
            dispatch_time(DISPATCH_TIME_NOW, delay),
            queue, block)
}

class Bumpable {
    // If unownedBumpValueClosure was marked as private,
    // [unowned self] would be safe. The only ref would be to
    // the parent instance and they'd be deallocated together
    var unownedBumpValueClosure: () -> Void = {}
    private var value = 0
    func showValue() {print("Value is now \(value)")}
    init() {
```

```
        self.unownedBumpValueClosure= {
            [unowned self] in
            self.value++
            self.showValue()
        }
    }
}

// Setting up for failure
var bumper = Bumpable()
dispatch_after(2.0, block: bumper.unownedBumpValueClosure)
bumper.showValue()
```

如果 bumper 实例在 dispatched block 被调用的前两秒内被释放了，那么闭包在运行期间将会崩溃，因为作为共同释放的保证不能被维持。

注意：

Swift 的函数和闭包都是引用类型。Apple 写到，“无论将函数或闭包赋值给常量或变量，其都是函数或闭包的引用”。引用类型使常量(let)闭包能够更新和读取它们捕获的变量。这可以确保闭包(不管如何赋值或传递)总是引用同一个实例。正因为如此，捕获的值才不依赖于执行闭包的上下文。

4.6 Autoclosure

Swift 中的 autoclosure 创建了一种隐式闭包的表达式，该表达式可以在没有大括号的情况下传入参数。该表达式将自动被转换为闭包。考虑下面的示例：

```
func wait(@autoclosure closure: () ->()) {
   print("Happens first");
   closure() // Executes now
   print("Happens last");
}
wait(print("This goes in the middle"))
```

与其他闭包一样，autoclosure 使你能够延迟语句的执行，但不需要将其放入调用的括号中。autoclosure 的不同之处在于将立刻执行的表达式的结果作为参数进行传递。autoclosure 不能接受参数(也就是说函数类型的第一部分必须是()或 Void)，但是它可以返回任何期望的类型。

Apple 提供了一个标准的 autoclosure 示例，如下所示：

```
func simpleAssert(@autoclosure condition: () -> Bool, _ message: String) {
    if !condition() {print(message)}
}
```

该函数产生的反馈信息比 assert 和 precondition 更为合理。为了不让程序停止执行，当条件不满足时，它输出一个警告，这种方式创建了一种友好且优雅的断言机制。

例如，你可以测试一个百分比是否在 0.0 到 1.0 之间：

```
simpleAssert(0.0...1.0 ~= percent , "Percent is out of range")
```

有些开发者在开发时使用autoclosure来区别手机和平板电脑目标之间的语句，例如，idiom<T>(@autoclosure phone: () -> T, @autoclosure pad: () -> T)。还有一些开发者发现autoclosure可以用来多路展开——例如，当进行JSON解析时。在这一点上，UIView动画确实需要autoclosure。这样的内联属性赋值应该如下所示：

```
UIView.animate(2.0, view.backgroundColor = .blueColor())
```

上面的代码比下面默认的语法在外观上看起来更为舒服，在实现时，可以不使用尾随闭包：

```
UIView.animateWithDuration(2.0, animations:{
    view.backgroundColor = .blueColor()})

UIView.animateWithDuration(2.0){
    view.backgroundColor = .blueColor()
}
```

所以我创建了下面的扩展：

```
extension UIView {
    class func animate(duration: NSTimeInterval,
        @autoclosure _ animations: () -> Void) {
        UIView.animateWithDuration(duration, animations: animations) // error
    }
}
```

上述代码并不能正常运行，并且会抛出一个编译器错误。具体而言，编译器会埋怨我试图在一个转义的上下文中(animateWithDuration调用)使用一个非转义的函数(autoclosure)。autoclosure默认是noescape，这确保了参数为了以后的执行而不被存储，并且不会在该调用的生命周期以外而存在。

可以通过使用@noescape 关键字来标记闭包参数的方式来添加 no-escape 的实现。如下面的示例所示：

```
typealias VoidBlockType = () -> Void
func callEscape(closure: VoidBlockType) {closure()}
func callNoEscape(@noescape closure: VoidBlockType) {closure()}

class MyClass {
    var value = 0
    func testNoEscape() {
        callNoEscape{print(value++)}
    }

    func testEscape() {
        // reference to property 'value' in closure requires
        // explicit 'self.' to make capture semantics explicit
        // callEscape{print(value++)} // error
        callEscape{print(self.value++)}
    }
}
```

使用 noescape 引入了性能优化，并且不需要使用 self 来注解属性和方法。通常情况下，Swift 可以在方法体中推断出 self，所以不需要在每个属性或方法调用中都使用 self。在转义闭包中，Swift 要求添加显式的 self 引用。捕获信号和歧义的语义；很显然可以捕获 self 并且可能会创建持有循环。

由于 animateWithDuration 没有更新，没有对 no-escaping 的情况进行考虑，因此 autoclosure 参数在默认状态下不能使用。在秘诀 4-6 中，escaping 注解重写了这个限制条件，并且解决了之前的问题，使我们可以通过扩展的形式来自定义 animate 方法。

秘诀 4-6　为 UIView 的动画添加 Autoclosure

```
extension UIView {
    class func animate(duration: NSTimeInterval,
        @autoclosure(escaping) _ animations: () -> Void) {
        UIView.animateWithDuration(duration, animations: animations)
    }
}
```

当使用非转义闭包(no-escape closure)时，不要尝试将它们赋值给转义变量，将它们传给转义上下文，并且在异步 block 中使用它们，或者将它们嵌入到其他转义闭包(escaping closure)中。下面的函数调用了一个 noescape 参数：

```
func callNoEscape(@noescape closure: VoidBlockType) {

    // Using @noescape means closure ends its lifetime when its scope
    // ends its lifetime and closure will not be stored or used later

    // Invalid uses

    // Non-escaping function in escaping context
    // Cannot pass as escaping parameter
    // dispatch_async(dispatch_get_main_queue(), closure)
    // let observer = NSNotificationCenter.defaultCenter()
    //    .addObserverForName(nil, object: nil,
    //        queue: NSOperationQueue.mainQueue(), usingBlock: closure)

    // Non-escaping function in escaping context
    // Cannot store as escaping param
    // let holdClosure: VoidBlockType = closure

    // Closure use of @noescape parameter 'closure' may allow it to escape
    // Cannot use in normal escaping scope
    // let otherClosure  = {closure()}

    closure() // call the no-escape closure
}
```

添加默认闭包

可选闭包使你能够调用函数，该函数中可能有尾随闭包，也可能没有尾随闭包。例如，可以在调用函数时使用 myFunction()，或者也可以使用 myFunction(){...}，最后的闭包是可选项。你可以通过给闭包参数添加默认值的方式来实现这种效果，如下所示：

```
func doSomethingWithCompletion(completion: () -> Void = {}) {
    // ... do something ...
    completion()
}
```

Swift 编译器是足够智能的，它可以意识到被省略的 block 参数，甚至是一个尾随闭包，如果省略了 block 参数，将会自动填充默认值，下面的闭包参数的默认值是一个简单的空闭包。该闭包的类型是通过它的声明自动推断的。

当然，你可以提供更复杂的默认值：

```
let defaultClosure: () -> Void = {print("Default")}
func doSomethingWithCompletion(completion: () -> Void = defaultClosure) {
    completion()
}
doSomethingWithCompletion() // "Default"
doSomethingWithCompletion(){print("Custom")} // "Custom"
```

一个空的默认闭包的开销是最小的，尤其是启用了优化之后。在任何时候添加默认参数都会有一个小的检查。调用无默认值的方法其运行速度更快，你可以想象一下，如果一次要运行数以百万计的测试会出现什么样的情况。对于单个调用，差异是微不足道的。

4.7 柯里化(Currying)

Swift(以及其他一些语言)中的柯里化(Currying)可以将接受参数元组的函数转换成一系列带有单个参数的函数。维基百科中柯里化的定义如下：

在数学和计算机科学中，柯里化(Currying)是指把接受多个参数(或一个元组)的函数变换成接受单一参数的函数序列的技术。该技术由 Moses Schönfinkel 提出，后来由 Haskell Curry 开发。

在 Swift 中，函数通常看起来如下所示：

```
public func convolve(var kernel: [Int16], image: UIImage) -> UIImage? {...}
```

上面这个被省略的函数使用 Accelerate framework 来执行基本的图像处理。具体而言，它对图像实例使用一个由 Int16 组成的任意 kernel 的值进行卷积处理。这是创造特殊效果非常方便的一种方法，也是一个函数从柯里化中受益的完美示例。

注意：

卷积运算将图像中相对的像素进行矩阵相乘，从而创建特殊效果，如模糊、锐化、浮雕，等等。kernel 经过每个图像像素(不包括图像的边缘区域，kernel 不能完全填充整个图像)，并将每个相对环绕中心的像素值相乘。

当被柯里化后，上述函数的声明如下所示：

```
public func convolve(var kernel: [Int16])(_ image: UIImage) -> UIImage? {...}
```

注意到一个主要的变化了吗？它很微妙。与单个元组的参数相反，返回类型之前的声明由一系列单个参数的元组组成。在 [Int16] 和 image 之间有一组额外的括号。

通常，可以通过两个参数来调用此函数：

```
convolve(kernel, image)
```

对于柯里化而言，可以使用两个含有一个元素的元组：

```
convolve(kernel)(image)
```

在柯里化中，额外的括号是一大缺点。

4.7.1 柯里化的原因

柯里化使你能够将函数拆分成一些特定的部分，然后就可以以你喜欢的方式重用这些部分。这就是该语言特性的强大之处。可以先调用 convolve(kernel)，然后再调用(image)。将它们分离开来，这样就能够延迟设置 image 参数，直到未来的某个时间。现在可以像下面这样来执行任务：

```
public var blur7Kernel: [Int16] = [Int16](count: 49, repeatedValue:1)
public let blur7 = convolve(blur7Kernel)
```

这段代码创建了一个可重用的 7×7 模糊效果。你可以通过如下调用方式将它应用到任何图像中：

```
blur7(image)
```

在许多情况下，创建的新函数可以在许多程序中重复使用：定制化仅仅对其自身有作用，但是驱动定制的代码是解耦的。

当更新集中化的卷积例程时，也会更新每个柯里化的版本。如果你已经编写了一个完整的包装器函数，这是非常有益的，这将明显地减少开销：

```
func blur7(image: UIImage) -> UIImage? {
   var blur7Kernel: [Int16] = [Int16](count: 49, repeatedValue:1)
   return convolve(blur7Kernel, image)
}
```

4.7.2 构建库

事实上，使用柯里化，现在可以通过传入不同的 kernel 值来构建一整套通用图像处理函数，如秘诀 4-7 所示。每个定义都提高了抽象层次，当想浮雕、模糊或锐化图像时，不得不重新开发 kernel(甚至思考有关数学的内容)。

秘诀 4-7 使用柯里化创建卷积库

```
// Embossing
public var embossKernel: [Int16] = [
    -2, -1, 0,
    -1, 1, 1,
    0, 1, 2]
public let emboss = convolve(embossKernel)

// Sharpening
public var sharpenKernel: [Int16] = [
    0,  -1, 0,
    -1,  8, -1,
    0,  -1, 0
]
public let sharpen = convolve(sharpenKernel)

// Blurring
public var blur3Kernel: [Int16] = [Int16](count: 9, repeatedValue:1)
public let blur3 = convolve(blur3Kernel)
public var blur5Kernel: [Int16] = [Int16](count: 25, repeatedValue:1)
public let blur5 = convolve(blur5Kernel)
public var blur7Kernel: [Int16] = [Int16](count: 49, repeatedValue:1)
public let blur7 = convolve(blur7Kernel)
public var gauss5Kernel: [Int16] = [
    1,  4,  6,  4, 1,
    4, 16, 24, 16, 4,
    6, 24, 36, 24, 6,
    4, 16, 24, 16, 4,
    1,  4,  6,  4, 1
]
public let gauss5 = convolve(gauss5Kernel)
```

这里的一切都使用了一个中心函数。虽然这些过滤器依赖于不同的 kernel 预设，但这些赋值对卷积的实现没有影响。

4.7.3　局部应用

柯里化能做些什么？它为什么在 Swift 和其他语言中这么重要？这是因为它可以让你从局部应用中获利。维基百科对其解释为：“在计算机科学中，局部应用(或部分功能的应用)是指一个固定参数个数的函数产生其他参数个数更少的函数的过程”。

即使没有内置的柯里化，在 Swift 中仍然可以创建局部应用功能。例如，可以通过给 convolve 函数设置 kernel 的形式来构建包装器闭包，如下所示：

```
public func createConvolveFunction(kernel: [Int16]) ->

    (UIImage -> UIImage?) {
    return {(image: UIImage) -> UIImage? in
        return convolve(kernel, image)}
}
```

这并不太难，但为什么很麻烦呢？在 Swift 中这种中间变量的形式是不需要的。内置的柯里化为你提供了这种功能：只需要添加圆括号即可。

4.7.4　柯里化的成本

柯里化是需要一些成本的，但在大多数情况下，这些成本是微不足道的。Kevin Roebuck 在 *Functional Programming Languages: High-Impact Strategies* 中写道，“柯里化的函数可能在任何支持闭包的语言中都会用到，然而，出于效率的原因，一般首选非柯里化函数，因为对于多数函数调用而言，这样可以避免创建局部应用和闭包所需要的开销。”

为高度参数化的函数保留柯里化。柯里化使你能够专注于创建可重用的已准备就绪的默认配置。

4.7.5　柯里化和回调

许多 Cocoa 和 Cocoa Touch API 都使用目标动作。在以下典型情况下，addTarget(_:, action:, forControlEvents:)模式允许你在用户单击按钮时指定一个回调事件：

```
class Delegate: NSObject {
    func callback(sender: AnyObject) {
        // do something
    }
}
let delegate = Delegate()
```

```
let button = UIButton()
button.addTarget(delegate, action: "callback:",
    forControlEvents: .TouchUpInside)
```

在 Swift 中，对于新类型，柯里化以一种新的方式来利用这种模式。它将不会对当前 Cocoa Touch 库中存在的 UIButton 有任何帮助，但是它为新的实现提供了很大的可能性。不要使用选择器，应该将对希望使用的方法的引用存储起来：

```
let callbackMethod = Delegate.callback
```

以下是该赋值的完全限定版本：

```
let callbackMethod: Delegate -> (AnyObject) -> Void = Delegate.callback
```

使用 Delegate.callback 的特点是该方法没有绑定到任何特定的实例。将它与一个实例关联起来，在圆括号中添加目标：

```
let targetedCallback = callbackMethod(target)
```

通过添加一个参数元组来执行这个回调：

```
targetedCallback(parameters)
```

前面的调用等效于下面的直接调用(更明显的柯里化)：

```
Delegate.callback(target)(parameters) // and
callbackMethod(target)(parameters)
```

当使用多个参数的柯里化时，可以将方法参数作为单个的 n-ary 元组传递。下面是一个函数接收三个参数的示例：

```
class TestClass {
    func multiParameterMethod(arg1: Int, _ arg2: Int, _ arg3: Int) {
        print("\(arg1) \(arg2) \(arg3)")
    }
}
```

为了在实例中调用此方法，在为要应用的方法建立实例后，传入相应的参数：

```
let test = TestClass()
TestClass.multiParameterMethod(test)(1, 2, 3)
```

4.7.6 柯里化实践

柯里化实践有助于考虑被柯里化的函数在分段工作时的特点。在新客户端接管的每个点上都添加一个元组中断。考虑该方法在 ProjectFunctionToCoordinateSystem 的使用情况。该工具将(CGFloat) ->CGFloat 函数转换成由两个点 p0 和 p1 定义的坐标系统，并且将给定的 x 值应用于该函数。与此图像示例不同，秘诀 4-8 使用了多个柯里化点，区别在于在应用的每个部分提供的参数个数。中间一组参数接受两个点，这些参数建立了目标坐标系。

秘诀 4-8　柯里化和局部应用

```
public typealias FunctionType = (CGFloat) -> CGFloat
public func projectFunctionToCoordinateSystem(
    function f: FunctionType)(p0: CGPoint, p1: CGPoint)
        (x: CGFloat) -> CGPoint {
    let dx = p1.x - p0.x
    let dy = p1.y - p0.y
    let magnitude = sqrt(dy * dy + dx * dx)
    let theta = atan2(dy, dx)

    var outPoint = CGPoint(x: x * magnitude, y: f(x) * magnitude)
    outPoint = CGPointApplyAffineTransform(outPoint,
        CGAffineTransformMakeRotation(theta))
    outPoint = CGPointApplyAffineTransform(outPoint,
        CGAffineTransformMakeTranslation(p0.x, p0.y))
    return CGPoint(x: outPoint.x, y: outPoint.y)
}
```

柯里化能够建立可重用的部分应用元素。在 projectFunctionToCoordinateSystem 示例中，你可能会建立一个可投影的 Sin 函数。下面的 fSin 闭包将值从 x 映射到 sin(x * Pi)。使用该闭包创建的 projectableSinFunction 类型为(p0: CGPoint, p1: CGPoint) -> (x: CGFloat) -> CGPoint：

```
let fSin: FunctionType = {CGFloat(sin($0 * CGFloat(M_PI)))}
let projectableSinFunction = projectFunctionToCoordinateSystem(function: fSin)
```

创建 Sin 函数之后，就可以在任意两个点上使用和重用 projectableSinFunction。这一步将这个投影函数应用到指定的坐标系统上。下面的示例通过投射到 x==y 创建了一个备用的 (x: CGFloat) -> CGPoint 函数。

```
let pA = CGPointZero; let pB = CGPoint(x:100, y:100)
```

```
let xequalySin = projectableSinFunction(p0: pA, p1: pB)
```

注意：

Swift 提供了 CGPoint.zero 来替代 CGPointZero。作为一个有经验的人，我倾向于使用后者。作为一个经验法则，如果手头没有为旧格式使用的固定样式，那么使用前者会更好一些。理论上讲，只使用.zero 就应该可以推断出其前方省略的 CGPoint。在编译器的功能漠不关心的地方有一个真实的点开始干扰通用代码的可读性，这应该是一个点，更确切地说是 CGPoint。

同样，结果是一个可重用的部分，在本例中，是 xequalySin 函数。BuildPath 使用该函数来创建贝塞尔路径，结果如图 4-1 所示。

从该示例中可见，柯里化使你能够创建可重用、可分解的功能部分。部分应用函数提供了统一多阶段过程的易于创建和易于维护的要素。

在本章的示例代码中使用了被柯里化的示例来构建 SpriteKit 动画，从而可以沿着非线性的路径将精灵从一个点移动到另一个点。这是 Swift 语言特性与可分解数学之间同步性结合的一个很好的例子。运行该示例，打开助手编辑器查看实时动画。

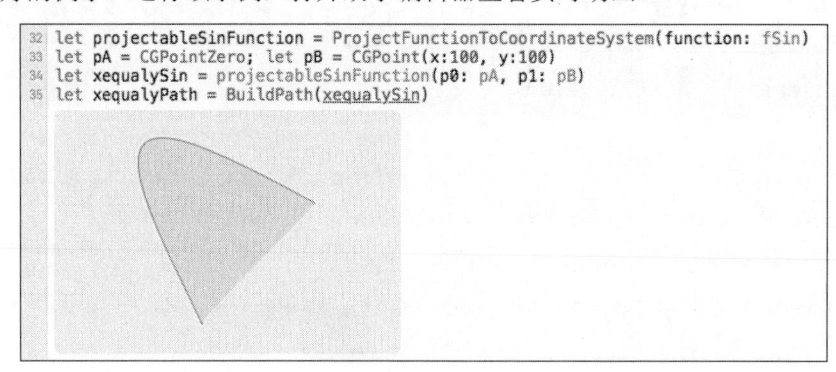

图 4-1　该示例将 Sin 函数投射到两个任意点

4.8　将闭包传递给函数参数

Swift 2.0 使你能够将闭包作为参数进行传递，该参数是一个函数指针。在该功能被添加到 Swift 语言之前，笔者使用 Bezier 路径完成过许多工作，不得不编写一个自定义的描述解析器，因为无法访问基于 C 的 CGPathApply 函数来遍历路径元素：

```
typealias CGPathApplierFunction = (UnsafeMutablePointer<Void>,
    UnsafePointer<CGPathElement>) -> Void

func CGPathApply(_ path: CGPath!, _ info: UnsafeMutablePointer<Void>,
    _ function: CGPathApplierFunction!)
```

在新系统下，可以使用 convention 属性来创建一个兼容的闭包类型。默认的约定是 swift。它为函数值的调用提供了标准的 Swift 风格。为了访问 CGPathApply，使用了一个兼容 Objective-C 的 block。该 block 约定表示一个兼容 Objective-C 的块引用：

```
typealias CGPathApplierClosureType =
    @convention(block) (CGPathElement) -> Void
```

苹果公司在 *The Swift Programming Language* 中写道，"函数值被表示为一个对 block 对象的引用，该对象是一个兼容 id 的 Objective-C 对象，它将其调用函数嵌入到对象中。该调用函数使用了 C 语言的调用约定。"

然而在该示例中使用了块约定，也可以为 C 函数类型使用 c(即@convention(c))。苹果公司称，"c 参数用来表示 C 函数引用。该函数值不带任何上下文，并使用 C 调用约定。"

不需要创建类型别名。在这个例子中可以使用该约定内联注解，如下所示：

```
let myObjCCompatibleCallback: @convention(block) (CGPathElement) -> Void =
    {element in print(element)}
```

或者如下所示：

```
let myCCompatibleCallback: @convention(c) (value: CGFloat) -> CGFloat =
    {(value: CGFloat) -> CGFloat in return value * 180.0 / CGFloat(M_PI)}
```

在秘诀 4-9 中，新的 CGPathApplierClosureType 类型别名有助于创建一个简单的包装器函数来调用该应用函数。CGPathApplyWithSwiftClosure 函数基于苹果公司在开发者论坛上提供的样本代码。该函数不太好看，且有些可怕，不过它可以正常工作。更重要的是，这段代码可以创建超级简单和非常友好的 decomposePath 实现。

decomposePath通过遍历CGPathElement源条目来创建基于Swift的新枚举BezierElement。该实现中的编号有些奇怪(不同的下标0、1或2对应着不同的目标点)，它们基于CGPathElement对其point数据的排序方式。

秘诀 4-9　将闭包传递给 C 函数

```
// Simple Swift enumeration to store path elements
public enum BezierElement {
    case CloseSubpath
    case MoveToPoint(point: CGPoint)
    case AddLineToPoint(point: CGPoint)
    case AddQuadCurveToPoint(point: CGPoint, controlPoint1: CGPoint)
    case AddCurveToPoint(point: CGPoint,
        controlPoint1: CGPoint, controlPoint2: CGPoint)
}
```

```
// Apply Swift closure to CGPath elements
// Thanks, Quinn the Eskimo
typealias CGPathApplierClosureType =
    @convention(block) (CGPathElement) -> Void
func CGPathApplyWithSwiftClosure(
    path: CGPath, closure: CGPathApplierClosureType) {
    CGPathApply(path,
        unsafeBitCast(closure, UnsafeMutablePointer<Void>.self)){
        info, element in
        let block = unsafeBitCast(info, CGPathApplierClosureType.self)
        block(element.memory)
    }
}

// Decompose a UIBezierPath into BezierElement components
func decomposePath(path: UIBezierPath) -> [BezierElement] {
    var points = [BezierElement]()
    CGPathApplyWithSwiftClosure(path.CGPath){
        element in
        switch element.type {
        case .CloseSubpath:
            points.append(.CloseSubpath)
        case .MoveToPoint:
            points.append(.MoveToPoint(point:element.points[0]))
        case .AddLineToPoint:
            points.append(.AddLineToPoint(point:element.points[0]))
        case .AddQuadCurveToPoint:
            points.append(.AddQuadCurveToPoint(point:element.points[1],
                controlPoint1: element.points[0]))
        case .AddCurveToPoint:
            points.append(.AddCurveToPoint(point:element.points[2],
                controlPoint1: element.points[0],
                controlPoint2: element.points[1]))
        }
    }
```

```
    return points
}
```

验证分解路径的最佳方法是重构它并对它进行检查。这个扩展可以让你将元素追加到一个 Bezier 路径实例中：

```
extension BezierElement {
    func appendToPath(path: UIBezierPath) {
        switch self {
        case .CloseSubpath: path.closePath()
        case .MoveToPoint(let point): path.moveToPoint(point)
        case .AddLineToPoint(let point): path.addLineToPoint(point)
        case .AddQuadCurveToPoint(let point, let controlPoint1):
            path.addQuadCurveToPoint(point, controlPoint: controlPoint1)
        case .AddCurveToPoint(let point, let controlPoint1, let controlPoint2):
            path.addCurveToPoint(point, controlPoint1: controlPoint1,
                controlPoint2: controlPoint2)
        }
    }
}
let path = UIBezierPath()
decomposePath(QPath()).forEach{$0.appendToPath(path)}
```

如果代码已经做了适当的处理，那么两条路径应该具有相同的视觉效果，新路径的析构(deconstruction)应该是相同的，可以通过逐个比较元素的方式自动对其进行测试。乱序的点是路径析构失败最常见的原因，这就是为什么 points 正确的位置索引在 Swift 表示中如此重要的原因。

4.9　小结

Swift 将函数转换为一级对象。它的函数和闭包使你能够创建和部署封装的行为，用于直接和间接的使用。无论是柯里化、嵌套、捕获值还是为延期执行提供 block，Swift 函数都引入了灵活的解决方案，能够将代码应用到合适的地方。

第5章 泛型和协议

Swift是一种类型安全的语言。不能将string、color、float或double类型的值传给参数类型为 Int 的函数。如果试着这样做，那么编译器将会报错。类型安全约束参数的类型为签名中声明的合法类型。对于更通用的实现，请参见Swift中的泛型(generics)。

泛型有助于构建健壮的代码，用来扩展支持多种类型的函数。泛型实现不是只服务于某一种特定类型，而是服务于一组类型。这种方法可以最小化重复的代码，让不同的类型共享相同的行为和特征。

泛型类型和行为合约(称为协议(protocols))相结合，建立了一个强大而灵活的编程组合。本章介绍这些概念并探索如何掌握这些经常令人困惑的开发部分。

5.1 详述泛型

考虑下面的函数。该函数比较了两个 Int 实例，并返回一个表示这两个整数是否相等的真值。不能在调用testEquality时使用Double、Boolean或者String类型的值。该函数的实现只针对整数：

```
func testEquality(x: Int, _ y: Int) -> Bool {
   return x == y
}
```

现在，与下面的函数版本进行比较。该函数对testEquality进行了修改，让其接受两个泛型参数。不像之前的函数，这个版本可以接受多种类型的参数：

```
func testEquality<T where T:Equatable>(x: T, _ y: T) -> Bool {
```

```
    return x == y
}
```

事实上，这个新版本的 testEquality 函数可以用来比较遵循 Equatable 协议的任何类型。这个更新后的版本可以比较字符串、整型、浮点型、布尔型、封闭区间等所有 Swift 支持的内置类型，以及为任何类型添加的一致性。添加一致性非常简单，仅需声明协议成员并且实现其协议中相应的方法即可，只需做少量的工作，就可以使用 Equatable 来扩展任何类型。一旦这样做，就可以在 testEquality 函数中使用该类型。

testEquality 的更新版本使用了泛型类型声明，该泛型类型声明位于函数后的一对尖括号(<>)中。当然，x 和 y 的数据类型必须彼此相同，T 类型用来声明两个参数值的类型，现在，该函数提供了更为广泛的参数类型范围。该函数使用这种声明方式为参数指定任意数据类型，而不仅限于 Int 类型。在该示例中，类型约束的 where 子句提到了 Equatable 协议。此约束将条目的类型限制为可以使用==进行比较。除了这些修改的内容之外，该函数中的其他内容与原始版本相同。

5.1.1 协议

一个 Swift 协议就是一个合约，该合约规定了条目的行为和沟通方式。它提供了一个蓝图，列出了特定角色或任务的要求。当类、结构体或枚举遵循一个协议时，表明它同意执行该协议中所规定的所有要求。实现这些功能被称为遵循协议。在 Equatable 示例中，该协议指定了遵循该协议的类型要实现==(等式)函数。下面是有关协议工作方式的一些关键点：

- **协议充当“门卫”的角色**。在使用泛型时，协议描述了执行函数所需的最小集合的 API。协议建立了编译时检查，保证所有遵循协议的类型都实现一个基本的功能集。testEquality 示例所需要的参数可以彼此间进行比较。它不关心这些参数是什么，以及它们如何进行比较。它只关心这些参数是否对一个共有的函数(==)做出响应，并返回一个定义良好的类型，在该示例中返回的是 Boolean 类型。
- **协议充当“媒介”的角色**。协议能够解决两个问题，一个是“我想在不同类的事物上应用这个相同的功能”，如 testEquality 函数和 Equatable 协议；另一个是“我想以多种不同的方式实现这个相同的 API 接口”，有关这一点可以参见 OutputDestination 或者 IntegerConsumer 协议。这两个协议完全是假设出来的。它们展示了如何使用协议来委托需要实现的功能，在协议中没有给出任何具体的实现细节。
- **协议充当“特性”角色**。可以让一个类型遵循多个协议，并自动接收已在协议扩展中建立的任何默认实现。这种 building-by-composition(组合构建)方式强大而灵活，这些优点不能从简单的类继承中获得。它限制了代码重复，因为它是通过共享行为而不是通过对象继承来分组实现的。它将继承树扁平化，因为对于给定的任务，你可以仅使用需要的特性来构建结构。

1. 协议继承

协议提供了多重继承。也就是说，一个协议可以继承自一个或多个协议，并将进一步的需求添加到继承的需求中。在下面的示例中，MyCustomProtocol 继承自 Equatable 和 BooleanType：

```
protocol MyCustomProtocol: Equatable, BooleanType {
    // .. other requirements here ..
}
```

下面示例中的 MyCustomStruct 是一个遵循协议的类型，它必须满足所遵循协议本身的要求以及继承而来的要求。在该示例中，Equatable 是一个被继承的协议，所以遵循 MyCustomProtocol 协议的任何类型都必须满足 Equatable 协议的要求：

```
struct MyCustomStruct: MyCustomProtocol { // declare conformance
    // implementation must satisfy Equatable, BooleanType,
    // plus any additional requirements introduced for MyCustomProtocol
}
```

MyCustomStruct遵循MyCustomProtocol协议，MyCustomProtocol协议又继承自Equatable。这意味着传给参数的任何实例都必须符合Equatable，因此MyCustomStruct可以使用testEquality函数：

```
testEquality(MyCustomStruct(), MyCustomStruct()) // works
```

2. 协议和实现

协议声明中并不包括具体的实现细节。它仅仅列出必须要实现的细节要求。编译器不会让你为协议的声明添加正文。你可以给相应的协议添加类型别名的默认声明。具体实现细节留给遵循协议的类型来完成(如 Equatable 协议的==函数)，或者也可以在协议扩展中添加默认的协议一致性实现。Equatable 的!=功能是通过标准库来实现的，并可以被遵循协议的类型自由继承。

5.1.2　标记

在更新后的 testEquality 函数中，T 被用于描述两个参数的类型。关于字母 T 没什么神奇之处。这个描述性标记(token)为要使用的类型提供了上下文。也可以使用任何其他字母或字符串，例如 Item、Element 或 Stream。T 是最通用的泛型类型。数组使用 Element，字典使用 Key 和 Value 类型做替代，因为这些名称更有意义。标记有助于区分每种类型将扮演什么样的角色：

```
Array<Element>
Dictionary<Key: Hashable, Value>
```

在约定中关于类型的使用没有进一步的语义说明信息，或者当“其他人通常都这么做”时，可以使用单一的字母。在单一实现中的其他类型的替代通常是 U、V 等。笔者曾经见过有些人为 return 类型使用 R，为 generator 类型使用 G，为 index 类型使用 I，为 sequence(序列)类型使用 S(为多个序列使用 S1、S2 等)。没有必须要遵守的规则，但前提是你的标记在当前使用的上下文中必须是独一无二的且有明确的语义。

也就是说，应该尽可能使用语义更明确的单词来取代单一的字母。Element 优于 E，Sequence 优于 S。只有对工作中经常使用的泛型类型，或者当长命名会降低声明的清晰度时，笔者才尽量保留单个字母，如 T、U，偶尔也会用到 V。

5.1.3 类型约束

尖括号(<>)中的 where 子句被称为类型约束。它定义了泛型类型参数的要求。当构建一个超简单的条件时，如下面的函数中使用的 Equatable 协议，Swift 为 where 子句提供了一个简写形式。删除“T where T”短语，并且在冒号(:)后简单地声明该协议，如下所示：

```
func testEquality<T: Equatable>(x: T, _ y: T) -> Bool {
   return x == y
}
```

结果比较简单，并且不会失去意图的清晰性。Swift 编译器知道如何解析这个简写形式。类型限制可以简单到一个单一协议，但它们也可以建立复杂的联系，如下面的示例所示：

```
public init<C: CollectionType where C.Index: ForwardIndexType,
   C.Generator.Element == Element>(_ base: C)
```

这种约束允许使用一个可递增的索引集合来初始化类型。它还建立了一个同类型的约束，指定集合元素将匹配该结构所使用的元素类型。协议虽然为开发工作增加了灵活性并提供了强大的功能，但是它们和泛型一起使用，可能有些令人恐惧，特别是在开发新的范式时。学习创建新的类型约束，并理解通过使用的模块来声明约束可能有些令人沮丧。坚持下去，如果掌握了这些语言的特性，将会得到回报。

5.2 采用协议

下面的代码段显示了 Equatable 协议的标准库定义。协议被声明时，不直接实现方法、属性以及它所描述的其他成员：

```
protocol Equatable {
    func ==(lhs: Self, rhs: Self) -> Bool
}
```

这个声明仅仅说明要遵循 Equatable 协议，类型必须实现==操作符。对于遵循协议的类、结构体和枚举，协议要指定必须包含哪些元素。协议中实际的实现细节由遵循协议的类型所提供，或者由协议的扩展来提供默认实现。

下面的示例是一个自定义类型。该类型是一个名为 Point 的新结构体，其中存储了一对 Double 类型的变量，一个是 x，另一个是 y：

```
struct Point {
    var x: Double
    var y: Double
}
```

可以为结构体的每个成员传入值来创建新的实例，如下面的示例所示：

```
var p1 = Point(x: 10, y: 30)
var p2 = Point(x: 10, y: 20)
var p3 = Point(x: 10, y: 20)
```

虽然 Point 实例在其设计中显然是可以进行比较的(实例中仅仅包括两个浮点型的数字)，但是不能将这些变量传递给 testEquality 函数，即使 testEquality 是泛型函数也不可以。Point 没有遵循 Equatable 协议。限制条件 where 子句在这里未被满足。为解决这个问题，遵循 Equatable 协议，并且实现==运算，如下面的代码段所示：

```
extension Point: Equatable {}
func ==(lhs:Point, rhs:Point)->Bool {return lhs.x==rhs.x && lhs.y==rhs.y}
```

在结构体声明外声明了==函数。这是因为==是一个操作符，并且 Swift 要求在全局作用域中实现操作符。执行这些修改后，就可以在 Point 结构体的实例中使用泛型函数 testEquality。

5.2.1　声明协议

每个协议都有一个名称，该名称描述了协议所创建的类型特有的性质。在建立协议时，选择大写名称来描述遵循协议的角色。例如，Equatable 协议授权的类型可以进行相等性比较。Comparable 类型可以描述有序元素之间的二元关系，如“大于等于”和“完全大于”。

同样，可转换协议(如 CustomStringConvertible、FloatLiteralConvertible 和 DictionaryLiteralConvertible)描述了可以被转换的实例以及它们的使用方式。例如，FloatLiteralConvertible协议可以使用浮点类型的字面量来创建实例。

```
/// Conforming types can be initialized with floating point literals.
protocol FloatLiteralConvertible {
    typealias FloatLiteralType

    /// Create an instance initialized to `value`.
    init(floatLiteral value: Self.FloatLiteralType)
}
```

与 FloatLiteralConvertible 协议一样，大多数其他协议的声明也是很短的。它们旨在描述一组关键的需求，这样就可以建立依赖这些特性的行为。

可以使用 protocol 关键字来声明协议。协议可以创建一个新的一致性集合(例如，Equatable)或者构建继承特性(例如，Comparable 继承了 Equatable 的要求)：

```
protocol protocol-name: inherited-protocols {
    // protocol-member-declarations
}
```

最简单的协议看起来可能如下所示：

```
protocol SimplestProtocol {} // requires nothing
```

该协议不是很有用。在理论上你可能会使用一些类似的东西，如使用 SimplestProtocol 来标记那些与其他任务关联的类型。添加一个无要求的协议，确保不必实现任何细节，但该类型可以通过编译和运行。

通常不会这样做：

```
protocol DerivedProtocol:  AncestorProtocol {}
```

这创建了一个派生协议，而在派生协议中未添加任何新的要求，笔者认为这没有任何意义。

然而下面的这个示例与此相反，该示例创建了一个新的协议，该协议融合了多个父协议的特性，以至于这些父协议对外就有了一个一致性的接口。

```
protocol UnionProtocol:  AncestorProtocol1, AncestorProtocol2 {}
```

公平地说，这也不是一个好的使用方式。在当前形式中，上述示例没有添加新的有意义的语义，并且对客户隐藏了细节，这将不会有积极的贡献。协议组合使你能够将协议合并成一个单一的需求。可以把要组合的协议添加到 protocol 关键字后的尖括号中，在其中可以根据需要列举许多协议：

```
func doSomething(item: protocol<AncestorProtocol1, AncestorProtocol2>) {...}
```

一个协议组合并没有定义新的协议类型。它创建了一个合并所有列表项要求的临时的本地协议。

5.2.2　成员声明

协议成员的声明包括属性(property)、方法(method)、操作符(operator)、初始化器(initializer)、下标(subscript)和关联类型(associated type)的要求。这些部分为协议合约添加状态、行为、初始化器、查找和类型特性(描述了遵循协议的结构必须要实现的特性)。协议中的成员如下面的示例所示：

```
protocol ComplexProtocol {

    // Establish associated types
    typealias Element // without constraint
    typealias Index: ForwardIndexType // type conformance

    // Readable and readwritable properties
    var readableProperty: Element {get}
    var readwritableProperty: Element {get set}
    static var staticProperty: Index {get}

    // Methods
    func method(foo: Self) -> Index
    static func staticMethod() -> Element

    // Initializers
    init(element: Element)
    init?(index: Index)

    // Subscripts
    subscript(index: Index) -> Element {get set}
}
```

以下是一些核心规则：

- 将 typealias 声明放在协议的顶部，用来创建关联类型。这些关联类型被随后的协议成员使用，并且在创建泛型时可以作为类型的替身。将它们移动到协议声明的开始部分是为了在使用它们时方便查找。

- 协议中的属性要求(requirement)必须是变量类型，它的前缀必须是 var 而不是 let。在属性实现时可以将只读的 get 属性替换成 let，如下面的协议和类所示：

```
protocol HasAnIntConstant {var myInt: Int {get}}
class IntSupplier: HasAnIntConstant {let myInt = 2}
```

- 协议在属性和方法要求中使用static关键字。为类的实现使用class关键字，为结构体使用static关键字，在Swift 1.2 版本中，类也支持static关键字。

  不要混淆static/class注解与class关键字，class关键字可以将协议标记为class-only，如下面的声明中所示。使用class标记协议使你能够在协议中使用weak类型的属性：

```
protocol MyClassOnlyProtocol: class, PossibleInheritedProtocol {}
```

- 在协议中，位于 func 前面的关键字 mutating 指定该方法在实例中是可修改的。遵循协议的类在实现时不需要使用该关键字，但是结构体和枚举需要它，如下面的示例所示：

```
protocol Mutable{mutating func mutate()}
class MutatingClass: Mutable {
    var x = 0
    func mutate(){self.x = 999}
}
struct MutatingStruct: Mutable {
    var x: Int
    mutating func mutate(){self.x = 999}
}
enum MutatingEnumeration: Mutable {
    case MyCase(Int)
    mutating func mutate() {self = MyCase(999)}
}
```

  可变的要求可以通过不可变实现来满足(如果结构体或枚举实例中的方法实际上是可变的，那么就保留 mutating 关键字，当然也没有其他的选择)。不可变的要求不能通过可变的实现来满足。

- 当为协议添加初始化器成员时，必须在实现中添加required关键字，除非这个类被final关键字所标记：

```
protocol InitializableWithString {init(string: String)}
class StringInitializableClass1: InitializableWithString {
```

```
    required init(string: String ){} // required required
}
final class StringInitializableClass2: InitializableWithString {
    init(string: String ){} // required not required
}
```

- 协议的可失败初始化器(failable initializer)，例如 init?()，可以被实现中的可失败(failable)或不可失败(nonfailable)初始化器所满足。
- 一个不可失败初始化器，例如 init()，可以被不可失败初始化器(首选)或者展开的失败初始化器所满足。后面这种方法具有危险性，这是显而易见的。
- Self 要求(其中的 Self 首字母大写)指向遵循协议的类型。Self 是一个遵循协议的类型的占位符。例如，遵循协议的类型是 Double，那么协议中的 Self 就指向 Double。

5.2.3 构建基本协议

在本章前面提到的 FloatLiteralConvertible 协议描述了可以通过浮点类型的实例来初始化的类型。它用来标记从浮点型字面量转换过来的类型。下面的代码段使用了这一概念，为可以被转换成双精度的类型引入协议。它要求单一的 doubleValue 属性，该属性可以像 Swift 的 Double 一样来表示遵循协议类型的实例的值：

```
// Declare DoubleRepresentable Protocol
public protocol DoubleRepresentable {
    var doubleValue: Double {get}
}
```

下面的示例为 Double、Int、CGFloat 和 Float 实现该协议：

```
// Requires Cocoa or UIKit for CGFloat support
extension Double: DoubleRepresentable {
    public var doubleValue: Double {return self}}
extension Int: DoubleRepresentable {
    public var doubleValue: Double {return Double(self)}}
extension CGFloat: DoubleRepresentable {
    public var doubleValue: Double {return Double(self)}}
extension Float: DoubleRepresentable {
    public var doubleValue: Double {return Double(self)}}
```

如你所见，除了 Double 以外，这些实现是相同的。这些代码是冗余的，但这是不可避免的。此时，不能在其他类上创建协议的要求，只能在遵循类本身的实现中来声明属性、方法等。

如果你想要这样做，可以创建一个自定义DoubleInitializable协议，该协议中要求Double.init(Self)，并且要为doubleValue构建一个简单的默认实现。通过声明DoubleInitializable，Int、CGFloat和Float类型(以及其他可能使用的类型)可以声明一致性和继承相同的实现。这是不现实的，并且也不期望能够在Swift中实现。

一旦将上面的代码添加到项目中，遵循 DoubleInitializable 协议的实例就可以通过 doubleValue 属性转换成双精度的实例。下面的示例将整数转换成浮点数，然后再打印出转换后的数据类型：

```
let intValue = 23 // 23
let d = intValue.doubleValue // 23.0
print(d.dynamicType) // Swift.Double
print(d) // 23.0
```

5.2.4 添加协议的默认实现

在 Double 类型中返回一个双精度的值似乎有些冗余，但是这样做很关键，因为要与其他协议一起工作，所以要考虑如何通过其他协议和泛型来使用该约定。协议定义了结构间的接口形状，确保它们可以被用于即插即用的实现。下面是一个真实的例子，演示了一个简单的一致性的细节如何传播到大的实用程序中。

下面代码段中的 ConvertibleNumberType 协议所描述的类型可以被转换为常用的指定类型。任何符合标准的类型都可以将自己转换成这些类型：

```
public protocol ConvertibleNumberType: DoubleRepresentable {
    var doubleValue: Double { get }
    var floatValue: Float { get }
    var intValue: Int { get }
    var CGFloatValue: CGFloat { get }
}
```

最初，笔者建立这个协议是为了协助 Swift 中的 Core Graphics 开发。在 Double(浮点型默认是 Double 类型)和 CGFloat 间来回切换是非常麻烦的一件事情，因此决定让代码比无休止地来回转换更具可读性(当然，你可能不同意此观点)。我使用一个协议扩展来实现这些类型转换。要做的全部就是声明类型的一致性：

```
extension Double: ConvertibleNumberType{}
extension Float: ConvertibleNumberType{}
extension Int: ConvertibleNumberType{}
extension CGFloat: ConvertibleNumberType{}
```

这是可行的，因为 Swift 的协议扩展可以为方法和属性的要求提供默认实现。下面的实现自动产生一致性的类型：

```
public extension ConvertibleNumberType {
    public var floatValue: Float {get {return Float(doubleValue)}}
    public var intValue: Int {get {return lrint(doubleValue)}} // rounds
    public var CGFloatValue: CGFloat {get {return CGFloat(doubleValue)}}
}
```

前面每个属性的 getter 是建立在 doubleValue 之上的，这正好解释了为什么创建一个“return self”实现十分重要。若不遵循 Double 的 DoubleRepresentable 一致性，就不能使用默认的实现。除了协议扩展创建的 intValue 和 floatValue，有了它，Double 还自动提供了一个 CGFloatValue 属性访问器。

秘诀 5-1 将 DoubleRepresentable 和 ConvertibleNumberType 协议合并成了一个单一的实现。到目前为止，它比在本节中所示的示例使用了更少的可移动的部件：

- 秘诀 5-1 删除了显式的 DoubleRepresentable 声明，删除的这些部分包含在 ConvertibleNumberType 协议中。
- 秘诀 5-1 也删除了 ConvertibleNumberType 成员的详细信息。DoubleRepresentable 协议中包含了 doubleValue 的要求。其他的要求是通过 ConvertibleNumberType 扩展提供的。

当协议提供它自身的实现时，不需要在该协议声明中提及这些属性和方法。可以参见 Equatable 协议，它唯一的共有要求的方法就是==。Swift 的标准库提供了!=变体实现。

秘诀 5-1　通过默认实现构建协议

```
//: Numbers that can be represented as Double instances
public protocol DoubleRepresentable {
    var doubleValue: Double {get}
}

//: Numbers that convert to other types
public protocol ConvertibleNumberType: DoubleRepresentable {}
public extension ConvertibleNumberType {
    public var floatValue: Float {get {return Float(doubleValue)}}
    public var intValue: Int {get {return lrint(doubleValue)}}
    public var CGFloatValue: CGFloat {get {return CGFloat(doubleValue)}}
}

//: Double Representable Conformance
```

```
extension Double: ConvertibleNumberType {
   public var doubleValue: Double {return self}}
extension Int: ConvertibleNumberType {
   public var doubleValue: Double {return Double(self)}}
extension CGFloat: ConvertibleNumberType {
   public var doubleValue: Double {return Double(self)}}
extension Float: ConvertibleNumberType {
   public var doubleValue: Double {return Double(self)}}
```

5.2.5 可选的协议要求

在 Objective-C 中，协议使用它声明的方法，在采用该协议的客户端和发送回调给客户端的生产者之间建立了一个通信合约。默认情况下，所有声明的方法都是必不可少的。Objective-C 也支持指定可选的要求。与标准的要求不同，可以根据需要来实现这些可选要求。

建立一个可选的通信合约要求生产者在调用代理方法之前检查客户端是否实现该选择器(使用 respondsToSelector:进行检查)。Swift 中的原生协议不提供可选的协议要求。

Objective-C 的交互性意味着在@objc 的协议中 Swift 支持可选的协议要求。当一个协议使用@objc 注解时，说明可以为一个必选要求添加 optional 前缀。这些@objc 的可选协议仅限于在类中使用，不能在结构体或枚举中使用。optional 修饰符允许使用可选要求扩展协议，即使代码不在 Objective-C 中使用。这种方式虽然不雅观，但目前 Swift 就是这样设计的。一旦添加了 optional 修饰符，就可以在实例没有实现可选方法时，使用条件链接来简化执行。

注意：

虽然 Objective-C 允许声明 MyType<SomeProtocol> *instance，但在 Swift 中不能在声明变量时绑定一个类或者协议。

5.2.6 Swift 原生的可选协议要求

目前还不清楚可选方法的实现在值类型的世界中是否可取。也就是说，在不使用@objc 关键字或者限制对类的可选要求的情况下，可以创建一个更好的等效 Swift 原生系统。在纯 Swift 中，在协议中声明一个方法，然后在协议扩展中实现该方法的默认版本：

```
protocol MyProtocol {
  func myOptionalMethod()
}
extension MyProtocol {
   func myOptionalMethod() {}
}
```

在使用委托协议时，扩展实现可能需要返回一个默认值。这种方法能够采用结构来重写默认实现。如果没有这样做，仅需要微不足道的开销就可以继承一个默认的行为。当这样做时，与采用协议的类的通信将会有一个基础牢固的合约。

此外，任何使用该协议的类都不必关心是否对这个方法进行重写。它可以在没有检查的情况下调用该方法，这完全是安全的。当然，也可以选择走自己的路，确保重写是绝对有必要的，如下面的示例所示：

```
extension MyProtocol {
   func myOptionalMethod() {fatalError("Implement this method!")}
}
```

5.3　构建泛型类型

泛型类型是类、结构体或枚举，用以管理、存储或处理任意类型。泛型使你能够集中开发那些可共享的行为，而不是特定类型的细节。例如，不必再考虑结构如何处理整型、字符串或坐标等类型，泛型实现创建了从结构处理的特定类型中解耦合的语义。

Swift 的 Array、Set 和 Dictionary 全都是泛型类型。泛型使它们能够存储多种类型的实例，包括数字、字符串、结构体等。它们的标准库声明强调了其泛型实现。每个类型名后都会有一对尖括号(<>)。在尖括号中，可以找到一个或多个泛型参数的列表：

```
struct Array<Element>
struct Set<Element: Hashable>
struct Dictionary<Key: Hashable, Value>
```

参数的数目反映了父结构中所使用类型的方式。数组和集合存储的是单一类型的集合，如 String 或 AnyObject。相比之下，字典存储的是两种类型，一个是键，另一个是值。这些类型在泛型参数声明中是不相关的。当在后面的实例中使用时，它们可能是相同的，如 [Int: Int]字典中的键值对的类型是相同的，但也可能是不相同的，如[String: AnyObject] 中的键值对的类型是不同的。

类型参数

类型参数提供了简单类型的替身。正如方法参数为值提供参与者一样，类型参数为表示类型提供了方法。下面的 storage 属性的类型在代码结构真正使用之前其类型是未知的：

```
public struct MyStruct <T> { // T is a type parameter
   let storage: T
}
```

通过创建实例对类型进行了关联。参数类型也可以被推断出来，如下面示例中的第一行所示；或者如第二行所示，显式地指出参数类型的值。

```
MyStruct(storage: 15) // T is Int
MyStruct<String>(storage: "Test") // T is String
```

完全限定类型包括像泛型定义一样的尖括号(<>)。最终类型实例替换了泛型替身。[String: AnyObject]字典是 Dictionary<String, AnyObject>的缩写(作为经验法则，在声明中使用前者，在泛型类型约束中使用后者)。

秘诀 5-2 创建了一个 Bunch 类型。这是一个简单的泛型类型，它可以存储一个实例和一个正在运行的 count。可以将一个新的“副本”推入 Bunch 中。只要有足够的版本仍在计数，就还可以弹出条目。当 count 降为 0 时，弹出操作将失败并返回 nil，因为此时已经没有副本可以返回了。

秘诀 5-2 构建泛型类型

```
//: A Bunch stores n instances of an arbitrary type
public struct Bunch<Element> {
    private let item: Element
    var count = 1

    // New instances always have one copy
    init(item: Element) {self.item = item}

    // Add items to the bunch
    mutating func push() {count++}

    // Copy items from the bunch
    mutating func pop() -> Element? {
        guard count > 0 else {return nil}
        count -= 1
        return item
    }
}
```

因为它是通用的，所以秘诀 5-2 可以存储任何类型的 bunch。在实现中使用了一种称为 Element 的类型参数。这个参数为 item 建立了一个类型替身，该替身在结构初始化器中被引用，并且返回实例的 pop 方法也使用了该类型替身。这个通用的 Element 类型在代码被客户端使用之前是未知的可以像使用 Swift 所支持的任意类型那样来装饰泛型参数。pop()方法添加了一个问号，因为它返回一个可选实例。由于当 count 为零时，bunch 不能返回类型实例，因此可选项使得该实现能够在没有错误处理的情况下优雅地处理没有更多可用副本的情况。当 bunch 通过 push 操作进行副本的补充时，客户端就可以重新发起请求并使用 pop()来获取更多的副本。

5.4　泛型要求

集合元素和字典的键遵循 Hashable 协议。该协议确保元素可以被转换为一个唯一的标识符，目的是为了防止条目重复。该协议被声明为要求。它的作用类似于泛型参数的类型约束：

```
struct Dictionary<Key: Hashable, Value>
```

泛型使用了两种类型的约束：一种是一致性(conformance)约束，如该示例中所示；另一种是相同类型的(same-type)要求约束，也就是两种类型相同。下面几小节介绍这些约束样式。

5.4.1　一致性要求

第一个泛型要求类型是协议一致性(protocol conformance)，也被称为一致性要求(conformance requirement)。该要求指定一个类型符合一个特定的协议。集合和字典的 Hashable 约束使用的就是这种约束类型。

在最简洁的形式中，一个协议要求的后面跟着一个泛型参数，如下面的示例所示。在类型参数和协议名之间出现了一个冒号。

```
public struct Thing<Item: Hashable> {
    private let thing: Item
}
```

该声明实际上是下面代码段的简写，它使用了一个完全限定的 where 子句，而不是 type:protocol 简写：

```
public struct Thing<Item where Item: Hashable> {
    private let thing: Item
}
```

Swift 使你能够为复合的一致性添加多个 where 子句，如下面的示例所示：

```
public struct Thing<Item where Item: Hashable, Item: Comparable> {
    private let thing: Item
}
```

但是协议组合提供了一种更为清晰的方法，尽管该方法中多了额外的尖括号(<>)：

```
public struct Thing<Item: protocol<Hashable, Comparable>> {
   private let thing: Item
}
```

因为现在必须使用遵循这些协议的条目来构建 Thing，所以下面两个示例中的第一个是正确的，第二个是错误的。字符串是哈希值(hashable)并且是可比较的，但是 CGPoints 不能成功满足这些要求：

```
Thing(thing: "Hello")
// Thing(thing: CGPoint(x: 5, y:10)) // error
```

5.4.2 秘诀：相同类型要求

第二种要求是相同类型(same-type)要求。该要求对两个类型进行相等比较。如下面的示例所示，第二个类型(在该示例中是 Int)不必是类型参数：

```
public class Notion<C: CollectionType where C.Generator.Element == Int> {
   var collectionOfInts: C
   init(collection: C) {self.collectionOfInts = collection}
}
```

该示例构建了一个存储整数集合的类。类型约束确保泛型类型首先是集合类型(一致性要求)，然后确保其元素是 Int 类型(相同类型要求)：

```
let notion = Notion(collection: [1, 2, 3]) // works
// let notion = Notion(collection: ["a", "b", "c"]) // doesn't work
```

在下面的示例中，不能创建一个相同类型的限制(创建两个相同的类型参数)，因为这会导致编译错误：

```
enum Pointed<T, U where T == U>{case X(T), Y(U)} // fail
```

但可以使用相同类型要求对两个泛型类型(如秘诀 5-3 中的 Element 和 C)进行关联。该秘诀中的泛型函数使用相等性来测试集合中是否包含一个被限制为同一类型的成员。

秘诀 5-3 添加相同类型要求

```
func customMember<
   Element: Equatable, C: CollectionType
   where C.Generator.Element == Element>(
   collection: C, element: Element) -> Bool {
```

```
    return collection.map({$0 == element}).contains(true)
}
```

编译器使用输入限制来确保你调用 customMember[1]时传入相匹配的参数。例如，不能传入一个整型数组和字符串。这些类型不能通过类型相同要求的验证：

```
let memberArray = [1, 2, 3, 4, 5, 6]
customMember(memberArray, element: 2) // true
customMember(memberArray, element: 17) // false
// customMember(memberArray, element: "hello") // compiler error
```

秘诀 5-4 提供了另一种类型约束。该函数接受一个 Hashable 序列并创建一个元素无重复的数组。这个 Hashable 约束使你能够使用 Swift 的 Set<T>过滤出独一无二的元素。由于集合中只能存储哈希值，因此这个相同类型的约束确保输入序列可以友好地构建集合元素。

秘诀 5-4　使用类型约束构建相同类型的结果

```
// Normally it's better to use full words, like "unique" but this function
// calls back to historic uniq functions from other languages

func uniq<S: SequenceType, T: Hashable where
    S.Generator.Element == T>(source: S) -> [T] {
    // order not preserved
    return Array(Set(source))
}
```

在秘诀 5-4 中，函数的[T]数组输出时引用了 T 类型参数标记，并且声明了 uniqueItems。可以使用 S.Generator.Element 来替换 T 标记，如以下示例所示：

```
func uniq<S: SequenceType where S.Generator.Element:Hashable>
    (source: S) -> [S.Generator.Element] {
    return Array(Set(source))
}
```

5.4.3　泛型美化

不管是否使用 T 或 S.Generator.Element，uniq 函数在尖括号(<>)中提供的东西仍然过多。太多的约束被填充到尖括号中，导致这个小函数的类型限制过多。通过将复杂的函数转换成

[1] 译者注：原英文书中此处为 CustomMember，有误。接下来代码中的 CustomMember 同样应改为 customMember，否则编译通不过。

协议扩展，这种方式被 Apple 称为泛型美化(generic beautification)。

函数 uniq 提到的几个约束主要针对的是特定的序列类型。在协议延展中使用一个方法来取代函数，以创建一个更好且更简单的实现来表示这种行为：

```
extension SequenceType where Generator.Element:Hashable {
    func uniq() -> [Generator.Element] {
        return Array(Set(self))
    }
}
```

该扩展使用 where 子句创建了一个仅仅适用于 Hashable 集合的 uniq 方法。这种限制允许 uniq 从序列元素中构建集合。这种表现形式更具有可读性和可维护性。

实际上，集合不需要其他的成员函数，但是它们做了同样的美化过程，限制了协议的扩展并且转换成了方法，也可以对秘诀 5-3 进行修改：

```
extension CollectionType where Generator.Element:Equatable {
    func customMember(element: Generator.Element) -> Bool {
        return self.map({$0 == element}).contains(true)
    }
}
```

5.4.4　合法的标记

在初次建立 C 是 CollectionType 之前，不能引用或者提及秘诀 5-3 中的 Generator 和 Element。这些标记只有在集合类型泛型的上下文中才有效。设置该一致性为整数的同一类型限制打开了大门。在类型参数声明中使用标记，并且在闭包体中表示声明项和继承项的混合。

1. 类型参数

可以在创建类型或者函数时，在其右边的尖括号中列举自定义的泛型类型。这些自定义的泛型类型表示一个自定义标记的基础集合：

```
class Detail<A, B, C, D, E> {}
```

2. 协议

在泛型声明中，可以将自定义的或者系统提供的协议作为一致性要求：

```
class Detail<A:ArrayLiteralConvertible, B:BooleanType> {}
```

3. 关联类型

协议的 typealias 声明构建关联类型。关联类型为类型的声明和约束提供占位符名称(也称为别名)。下面的示例在声明协议时使用了 CodeUnit 别名并且实现了一个符合标准的类，在实现协议的类中为类型别名赋了一个 UInt32 类型的值，如下所示：

```
protocol SampleProtocol{
   typealias CodeUnit
}

class Detail: SampleProtocol {
   typealias CodeUnit = UInt32
   var idx: CodeUnit = 0
}
```

5.4.5　匹配别名

下面的两个泛型函数在其类型约束中引用了 CodeUnit 关联类型：

```
func sampleFunc1<T:SampleProtocol where T.CodeUnit == UInt16>(x: T) {}
func sampleFunc2<T:SampleProtocol where T.CodeUnit == UInt32>(x: T) {}
// sampleFunc1(Detail()) // does not compile
sampleFunc2(Detail()) // compiles
```

在 Detail 类中将 CodeUnit 设置成类型为 UInt32 的别名，因此只有第二个函数在调用时通过了编译。第一个函数失败的原因是 Detail 类中的 CodeUnit 别名与 SampleFunc1 函数的相同类型约束不匹配。

5.4.6　协议别名的默认值

协议可以通过指定遵循某个协议或者成为给定类的成员来约束关联类型：

```
protocol-associated-type-declaration ¡ú
   typealias-headtype-inheritance-clause typealias-assignment
```

下面的示例在操作中展示了上面的内容。该示例创建了一个协议，在该协议中定义了一个含有默认值的关联类型:

```
// Protocol defines a default type, which is an array of
// the conforming type
protocol ArrayOfSelfProtocol {
   typealias ArrayOfSelf: SequenceType = Array<Self>
}
```

在本例中使用的 Self 关键字是指采用该协议的类型。对于整数，Self 就代表着 Int，此时 ArrayOfSelf 默认就是[Int]的别名。一旦协议被声明，就可以创建符合协议的类型并且引用该类型的数组。下面的代码段使用了一个数组，然后对 Int.ArrayOfSelf 的默认值进行测试，测试的结果是 true：

```
extension Int: ArrayOfSelfProtocol {}
[1, 2, 3] is Int.ArrayOfSelf // true
```

还可以在函数中使用该默认值：

```
func ConvertToArray<T: ArrayOfSelfProtocol>(x: T) -> T.ArrayOfSelf {
    return [x] as! T.ArrayOfSelf // works
}

// Example of calling the function
let result = ConvertToArray(23)
print(result) // [23]
print(result.dynamicType) // Swift.Array<Swift.Int>
```

如果想打破该示例中的限制，尝试着将协议中的默认值从 Array<Self>强制转换成 T.ArrayOfSelf，这会抛出一个致命的错误。

虽然这个示例相当做作，但是默认值并没有起到太大的作用。在 Swift 的标准库中，CollectionType 为 Generator 提供了一个别名默认值 IndexingGenerator<Self>。该默认值允许所有集合自动生成(generate())它们自己。

5.4.7　关联类型总结

有效的关联类型都是在协议中被直接列举，并被其他协议所继承。这意味着在协议声明中列出的标准库中的标记可能是不完全的。例如，SequenceType 协议列举了一个类型别名 Generator：

```
protocol SequenceType {
    /// A type that provides the *sequence*'s iteration interface and
    /// encapsulates its iteration state.
    typealias Generator: GeneratorType
    ...
}
```

然后 GeneratorType 自己又列举了一个 Element 别名。该类型中的 Generator.Element 在限制一个泛型序列函数中是非常普遍的。除非你通过标准库中的参考文献进一步探索，否则将无法看到其他的关联类型。

为了收集类型，必须爬上一致性这棵继承树来寻找协议的祖先。应该搜索一下关联类声明中那些被提及的条目，因为这些条目添加了更多可能的标记，这些标记可能会在泛型约束中用到。

笔者已经在 GitHub 上发布了自动化收集标记的源代码，网址为 https://gist.github.com/erica/c50f8f213db1be3e6390。此代码的输出结果可以帮助找到在构建基于协议的类型引用时可用的词汇。

5.5 扩展泛型类型

当扩展泛型类型时，可以引用初始类型中声明的所有类型参数。不能指定一个新的类型参数列表或添加新的参数名称。例如，该 Array 扩展引用了 Element，该 Element 是在原始类型定义中定义的：

```
extension Array {
    var random: Element? {
        return self.count > 0 ?
            self[Int(arc4random_uniform(UInt32(self.count)))] : nil
    }
}
```

不能添加特定类型，因为这样做会将泛型类型转换为非泛型的版本。以下示例将产生编译错误：

```
extension Array where Element == Int {} // not allowed
```

但可以使用协议来缩小扩展的应用范围。协议限制了其遵循类型的扩展。例如，下面的代码段只能用于 Hashable 元素组成的数组：

```
extension Array where Element: Hashable {
    func toHashString() -> String {
        var accumulator = ""
        for item in self {accumulator += "\(item.hashValue) "}
        return accumulator
    }
}
```

可以将该扩展用于 Double 类型的数组，但不能用于 CGPoint 类型的数组：

```
[1.0, 2.5, 6.2].toHashString() // works
```

```
// [CGPointMake(2, 3)].toHashString() // error
```

5.6 使用协议类型

协议经常可以用于取代 Swift 的类型，也可以作为方法的参数和返回类型，以及作为常量、变量和属性的类型。在下面的代码段中，play()函数接受一个 DeckType 参数：

```
protocol DeckType {
    func shuffle()
    func deal()
}

func play(deck: DeckType) {
    deck.shuffle()
    deck.deal()
}
```

在函数中，不会提供协议之外的其他输入信息。编译器知道协议的一致性足以确保函数可以通过传入的参数来执行。

5.6.1 基于协议的集合

可以使用协议类型来创建集合。基于协议的集合默认可以存储多种类型(异构)的实例，因为它是根据协议的一致性而不是类型来限制成员。例如，可以创建一个 Array<DeckType> 实例，该实例数组可以存储任何遵循 DeckType 协议的对象：

```
var heterogeneousArray = Array<DeckType>() // or [DeckType]()
heterogeneousArray.append(someConformingDeck)
heterogeneousArray.append(anotherDeckWithADifferentType)
```

为了创建一个只存储同类型(同构)数据的 DeckType 数组，需要将 DeckType 替换为一个指定的类型，如 MyTypeThatConformsToDeckType。这是创建数组的默认行为，即 Array<Type> 和 Array<Protocol>两种方式。

5.6.2 Self 要求

在协议声明中，Self 要求是符合该协议的特定类型的占位符。这使你能够区分同构(相同类型)和异构(协议相同但类型可能不同)的元素。考虑以下两种可供选择的协议成员：

```
func matchesDeckOrder(deck: DeckType) -> Bool
func matchesDeckOrder(deck: Self) -> Bool
```

第一个函数使用的是 DeckType 参数。该函数可以比较任何符合该协议的类型实例。第二个函数使用的是 Self 参数。在这种情况下，仅限于比较类型相同的实例，对于实现来说，这可能是一个容易、连贯和高效的函数，但这并不总是需要的。

当必须比较异构元素时，协议扩展使你能够使用首字母大写的 Self 来限制实现和比较类型。下列协议的扩展实现了一个异构的 matchesDeck 版本。在这种实现被限制的情况下，Self 是一个集合，只匹配有相同类型的 deck：

```
extension DeckType where Self: CollectionType,
   Self.Generator.Element: Equatable {

   func matchesDeck(deck: DeckType) -> Bool {
      if let deck = deck as? Self { // test for same type
         if self.count != deck.count {return false} // same count
         return !zip(self, deck).contains({$0 != $1}) // same items
      }
      return false
   }
}
```

可以通过扩展 Array 来遵循 DeckType 的方式在操作中观察这种行为：

```
extension Array: DeckType {...}
```

即使 decks 有着不同的类型，Self 的默认实现也仍然能够通过检查类型、成员数量以及成员是否相等来比较 decks：

```
// Build some decks
let x = [1, 2, 3, 4] // reference deck
let y = [1, 2, 3, 4] // matches
let z = [1, 2, 3, 5] // doesn't
let w = ["a", "b", "c", "d"] // different type

x.matchesDeck(y) // true
x.matchesDeck(z) // false
x.matchesDeck(w) // false
```

5.6.3 协议对象和 Self 要求

协议对象是指由协议作为类型声明的对象。例如，下面的代码段创建了一个 Basic-typed 对象的数组：

```
protocol Basic {}
var basicArray = Array<Basic>()
```

通过扩展 Int 类型来遵循 Basic 协议的方式，可以向该数组中添加整数：

```
extension Int: Basic {}
basicArray.append(5)
```

但不能通过任何强制执行的 Self 或者有关联类型要求的协议来使用协议对象。例如，考虑下面的代码段：

```
protocol TypeAliasRequired {
   typealias Foo
}
// var typeAliasRequiredArray = Array<TypeAliasRequired>() // fail
// error: protocol 'TypeAliasRequired' can only be used as a generic
// constraint because it has Self or associated type requirements

protocol SelfRequired {
   func something(x: Self)
}
// var selfRequiredArray = Array<SelfRequired>() // fail
// error: protocol 'SelfRequired' can only be used as a generic
// constraint because it has Self or associated type requirements
```

遇到的问题是：当你要求 Swift 创建协议对象时，你会说“建立一个异构的条目集合，所有这些条目都符合这个协议”。在同一时间，Self 要求会说“成员必须能够引用这个特定类型”。这种情况适用于同构集合(所有条目的类型都相同)，但是不适用于异构集合(所有的条目都遵循同一个协议，但是条目之间的类型不一定相同)。同样的问题出现在其他任何类型的限制中，所以在关联类型要求中也会遇到此问题。当使用常见的协议(如 Hashable 和 Equatable)时，常常会遇到这个问题，两者都执行了 Self 要求。

为了解决此问题，要么完全避免 Self 和关联类型要求，要么在构建泛型约束实现时执行同类化(homogeneity)。下面的示例创建了一个同类型的数组，数组中的成员必须有相同的类型且遵循 Hashable 协议：

```
// func f(array: [Hashable]) {} // fail, has Self requirements
func f<T:Hashable>(array: [T]) {} // works
```

5.7 利用协议

当考虑协议时，需要注意下面的这几点：

- **优先考虑功能而不是实现。**协议告诉你结构该做什么，而不是如何去做。为了创建泛型友好的项目，将代码集中在数据创建和数据使用之间的连接上，而不是在特定类型的细节上。
- **注意不同类型的重复代码。**当仅仅由特定类型的改变引起冗余代码时，就需要引入泛型和协议的实现。应注重设计的共性，以找到目标的时机。
- **一个协议不能限制所有的东西。**要让协议简短、亲切并且有意义。每一个协议都应该是一个名词(经常以 Type 结尾)或者一个形容词(通常以 ible 或 able 结尾，更多细节请参见 http://ericasadun.com/2015/08/21/swift-protocol-names-a-vital-lesson-in-able-vs-ible-swiftlang/)。把协议定义成“这是一个特定种类的事情”或者“这可以做这种工作”。避免向协议中添加过多的语义，语义过多会导致协议在调用时混乱。
- **重构函数时多使用尖括号子句来使用协议的扩展和方法。**Swift 的协议扩展使用 where 子句来限制方法的使用，使你可以移动子句远离重载的尖括号，并进入一个更有意义的上下文。
- **遵循最高可能的级别。**当添加协议的一致性和默认的实现时，在最高级别尽可能地抽象，这样做仍然是有意义的。不是为一些类型(如 Int 和 String 等)单独添加一致性，而要对已经采用统一协议的类型进行检查，查看它们之间是否有统一的概念。如果这样做太宽泛，那么就创建一个新协议，让类型遵循该协议，甚至可以添加扩展来实现你正在寻找的泛型行为。
- **考虑集合设计。**在工作中区分是使用异构(相同协议)还是同构(相同类型)的函数，并设计相应的协议。Self 要求使你能够添加同类型约束。协议命名支持共同的一致性。
- **重构永远不会太晚。**虽然写一个立即可用的泛型和协议很了不起，但是在代码开发中这是很常见的，并且之后要考虑如何进行重构。

5.8 小结

协议和泛型是 Swift 中最令人兴奋的特性。协议定义了遵循该协议的类型的模型和行为，使你能够创建更多的通用实现。协议和泛型一起使用，会大大减少代码量，提高抽象级别，引入重用机制，并且会使世界变得更美好和更幸福。

第6章 错误

在 Swift 中与在其他编程语言中一样，事情有时会失败。在日常开发任务中，会遇到逻辑错误，即可以编译但是没有按照预期进行工作；也会遇到运行时错误，即现实世界的情况导致的错误，如缺失资源或者不可访问的服务。Swift 2.0 重新设计了错误处理系统，使你能够响应这两种错误情况。其响应机制的区间范围从致命错误的断言到支持恢复的错误类型，通过这些响应机制可以跟踪出了什么问题并提供运行时的解决方案。

更新后的错误系统考虑到了苹果庞大的 Cocoa/Cocoa Touch 生态系统。Cocoa 有一种特殊的工作方式。API 返回一个可用的值或者一些错误的哨兵值，例如 false 或者 nil，但也常常会返回错误参数。在每个步骤中，你都可以检查一个调用是否已经失败。调用失败就打印错误信息或者从方法或函数中提前返回。

Objective-C 和它灵活的类型系统支持这个传统的 Cocoa 范式，在该范式中代码遵循调用、测试和返回的流畅的线性路径。相比之下，因为其具有更高的安全标准，所以 Swift 并不适合这种方法。类型安全性不容易与返回多态性和副作用相结合。Swift 2.0 的更新解决了此问题，在其重新设计的错误处理系统中，提供更强大的安全性和可靠性。

6.1 冷酷无情的失败

当应用识别程序员的错误时，代码应该大声地、强制性地并明显地给出这些错误。这些错误包括不应该发生的情况，并反映整体逻辑的严重缺陷。Swift 提供了几种提前终止应用的方式。它的构造有助于确保整体程序的正确性，对异常的情况进行测试，并且强制执行在应用中必须正确执行的条件。

6.1.1 致命错误

当需要终止应用时，没有比 fatalError 再合适不过的函数了。fatalError 函数无条件地打印信息，并且终止应用的执行。可以在应用退出之前使用该函数打印应用停止工作的原因。例如，你可能会遇到不一致的状态：

```
fatalError("Flag value is zero. This should never happen. Goodbye!")
```

或者会遇到来自抽象父类的一个要求：

```
fatalError("Subclasses must override this method")
```

失败的原因是可选的，但是强烈建议添加，特别是当一个应用以后会被其他人或你自己使用时。编译器允许忽略错误，如下所示，但根据常识不建议这样做：

```
fatalError()
```

"它仅仅是退出"不可能改变任何人的一天，包括你自己。

6.1.2 断言

使用 assert 函数为可选的信息建立一个传统的 C 语言样式的断言。断言测试假设，并帮助定位开发过程中的设计错误。与 fatalError 函数一样，说明信息是可选的，但是建议加上：

```
assert(index < self.count)
assert(index < self.count, "Index is out of bounds")
```

在标准库模块接口中指定用于控制评估的编译器标志的详细信息。在 debug(调试)版本(一般为-Onone)中为了可调试状态，错误的断言会停止执行。对于 release(发布)版本，断言可以被完全忽略，并且断言的条件子句不会被执行。

为了在 release 版本中使用检查，替代相关的 precondition 函数，该函数将在下一小节介绍。precondition 的条件子句将不会在-Ounchecked 的版本中执行。

作为经验法则，越是简洁的断言就越宝贵。断言应责成你知道正确执行所需的条件。断言通过排除那些你确定是正确的条件来简化调试，确保为失败的发生提供更吸引人的原因。下面是一个检查有效值的简单示例：

```
assert(1...20 ~= value, "Power level out of range. (Must be between 1 and 20.)")
```

或者可能会测试一个字符串是否包含一些文本：

```
assert(!string.isEmpty, "Empty string is invalid")
```

assertionFailure 变体没有使用谓词测试，它总会触发一个错误断言。assertionfailure 对不能达到的代码进行标记，并且会强制应用立即终止：

```
assertionFailure()
assertionFailure("Not implemented")
assertionFailure("Switch state should never reach default case")
```

assertionFailure 函数与 assert 遵循相同的评估模式。在 release 模式中它将被忽略，在 debug 模式中将会进入可调式状态。

可以很容易地建立一个非终结版本的断言，模仿它的谓词测试和报告行为，这种报告行为与应用退出相比要缓和得多：

```
public func simpleAssert(
    @autoclosure condition: () -> Bool,
    _ message: String) {
    if !condition() {print(message)}
}
```

为了区分 debug 和 release 版本，第 2 章中使用了#if DEBUG 标记。由于 Swift 不再自动支持对 debug/release 条件的检查，在第 2 章的描述中，必须在 debug 版本的设置(debug build settings)中添加一个自定义的-D DEBUG 编译标记。例如，在 release 版本中当调试并且抛出错误时，就可以使用此检查来停止应用。

注意：
避免使用有副作用的条件。

6.1.3　先决条件

允许代码在生产版本中执行并不会有特别的好处，因为你将不被允许在生产版本中进行 bug 调试。不像断言，在 release 版本中 precondition 和 preconditionFailure 调用会被检查并且会停止应用，除非使用-Ounchecked 编译。当然，不要尝试一开始就使用有缺陷的代码，但是在任何情况下一个越界的索引都不会神奇地自我修复。过早地终止应用，可能会导致用户数据的丢失或者损坏。

对于一些显而易见的原因，应有节制地使用前提条件。巨大的失败意味着巨大的责任——对于相对较小的错误就给出标准较低的审查。另外，应用的意外终止将会使应用在 iTunes Connect App Store 的审核中被拒。下面是几个示例，其中展示了 precondition 调用的使用方式，并且没有反馈信息：

```
precondition(index < self.count)
precondition(index < self.count, "Index is out of bounds")
```

```
preconditionFailure()
preconditionFailure("Switch state should never reach default case")
```

在 debug 版本中，先决条件不停止调试状态。它们仅仅在 release 版本中结束执行。

注意：
当编译没有优化时，preconditionFailure()和 fatalError()执行相同的代码。在优化后，fatalError()执行同样的调用，但 preconditionFailure()最终成为一个陷阱指令(trap instruction)。

6.1.4 中断和退出

abort 是 Darwin 库中的命令并且经常在命令行程序中用到，它为异常进程的终止提供了简单的方法：

```
@noreturn func abort()
```

使用 exit 为传统的代码退出提供支持，然后可以在 shell 脚本中为成功和失败的条件进行测试：

```
@noreturn func exit(_: Int32)
```

exit 会引起正常的进程终止。状态值传递到 exit 函数并返回到父级中被评估。C 标准采用 EXIT_SUCCESS 和 EXIT_FAILURE 常数，这两者都可以通过 Darwin。

6.2 优雅地失败

应用经常遇到运行时产生的情况，如不良的用户输入、网络中断或者某个文件不再存在。尽管出现了错误，但你还是想恢复和继续执行应用而不是直接崩溃。为了解决该问题，Swift 为在运行时构建、抛出、捕捉和传播错误提供了支持。

不像许多其他编程语言，Swift 不使用异常。虽然 Swift 的错误类似于异常处理(其中使用了 try、catch 和 throw 关键字)，但是 Swift 没有展开调用堆栈。它的错误计算效率高。Swift 的 throw 语句的开销类似于 return 语句的开销。

从表面上看，这些关键字可能提醒存在异常，但它们代表了一种独特的技术。开发专家 Mike Ash 指出“Swift 看起来像其他语言(Rust 或 Haskell 或者其他时髦的语言除外)一样，让你认为可以得到一个良好的开端，但实则不然，这样，之前所学习的知识就很少得到实际的应用。”不要指望你以往学到的关于异常处理的知识能够直接照搬到 Swift 中。

6.2.1 ErrorType 协议

错误(error)描述操作失败的情况。传统的 Cocoa 错误类是 NSError。它的属性中包括一个基于字符串型的错误域(error domain)、一个数字代码和一个支持发布报告信息的本地字典。虽然最初的设计目的是将错误直接呈现给用户，但是开发者是NSError实例以及它们在Swift中衍生物的初级使用者。Swift去除了错误特性，为NSError提供最低级别的互操作支持。

Swift错误符合ErrorType协议。虽然这是一个公共协议，但是标准库没有公开讨论该协议是如何工作或如何被实现的。以下是该协议官方模块的声明：

```
public protocol ErrorType {
}

extension ErrorType {
}
```

如以下示例所示，任何 Swift 类型(枚举、类或结构体)通过声明协议的一致性都支持ErrorType协议。在内部，ErrorType实现了两个NSError关键特性：字符串类型的域(_domain)和数字代码(_code)。这些特性提供了与NSError的兼容性。这种快速查看私有实现细节的方式不能用于任何App Store产品中：

```
class ErrorClass: ErrorType{}
ErrorClass()._code // 1
ErrorClass()._domain // "ErrorClass", the type name

struct ErrorStruct: ErrorType{}
ErrorStruct()._code // 1
ErrorStruct()._domain // "ErrorStruct"

enum ErrorEnum: ErrorType {case First, Second, Third}
ErrorEnum.First._code // 0, the enum descriminant
ErrorEnum.Second._code // 1
ErrorEnum.Third._code // 2
ErrorEnum.First._domain // "ErrorEnum"
```

遵循ErrorType协议可以使任何Swift结构兼容NSError。无论结构是否是一个类这都适用。例如，可以使用 ErrorStruct() as NSError来转换一个结构体，从而生成一个被代码和域填充的最小错误：

```
print(ErrorStruct() as NSError)
   // Error Domain=ErrorStruct Code=1 "(null)"
```

由此产生的错误将丢弃已添加的所有自定义状态信息。

通常，这个"(null)"描述NSError的userInfo字典中的内容，但在此无法通过转换来填充字典。苹果公司的 Joe Groff 在 Twitter 上写道："不可能控制用户信息(userInfo)或者 NSError 桥接的本地化信息(localized messages)。"

6.2.2 在可选项和错误处理之间做出选择

许多现有的 API，特别是基于 Core Foundation 调用的 API，尚未被审核和转换到新的错误处理系统中。在这种情况下，就会被旧的设计卡住。在试图访问 NSError 实例之前，要经常检查结果是否为 nil、0、NULL 或其他信号。

在制定新的方法时，要考虑它们的结果是如何被使用的，以及是否要传达一个错误或返回一个真实的或有或无的情况。并不是所有返回 nil 的方法都表示错误。例如，考虑可选链。理想情况下，链创建一个简洁的、可读的从一个调用到下一个调用的操作流。虽然不知道链断裂的代价如何，但是使用可选项可以使链自然断裂。当方法不需要明确的错误条件时，可以通过选择可选链来覆盖错误。

在代码显式处理 nil 情况的任何时候都可以使用可选项。如果客户端代码对 nil 情况不感兴趣，那么错误处理就意味着永远不需要展开可选项。

作为经验法则，应避免使用 nil 作为信号来指示错误状态。不要将传递和填充的中间的错误结构作为附带产物。抛出错误可以使调用者实现一个能够在失败情况下工作的恢复方案。错误还允许表示和区分不同的条件，并且能更好地处理你通常在何处离开某个作用域并报告错误的情况。

不要忘记，返回可选项和抛出错误并不相互排斥。一个 API 可以使用可选项和错误来报告三种状态："请求成功并返回值"、"请求成功没有返回值"和"请求出错"。

注意：
Swift 的 try?命令连接了错误处理和可选项，能够使 API 的使用者将抛出的调用转换成可选链。这种方法丢弃了错误的详细信息，将 try?作为 error:nil 调用的令人厌恶的产物。

6.3 Swift 的错误规则

Swift 错误处理提供了响应和恢复应用错误条件的方法。在当前系统中，你只需要遵循一些简单的规则，成为一个好公民。本节概述了这些规则，讨论了如何在应用中最好地遵守这些规则。

6.3.1 规则 1：远离 nil 哨兵

对于 Swift 2.0，可失败方法(failable methods)带有一个 in-out 错误参数或错误指针并且返回一个可选值。下面是 Swift 2.0 之前的 NSAttributedString 示例：

```
func dataFromRange(range: NSRange,
   documentAttributes dict: [NSObject : AnyObject],
   error: NSErrorPointer) -> NSData?
```

在这个旧方法中，对返回的可选值进行了测试。如果这个方法没有成功，那么将返回 nil，该方法会被错误填充，转而又可能会通过连续调用一些原始函数被传回来。在每个阶段，函数调用可能会报告一个错误，抛弃一个错误，或者创建并填充一个错误。下面的示例演示了 nil 哨兵的通用方法：

```
if let resultOfOptionalType = failableOperation(params, &error) {
   // use result
} else {
   // report error
}
```

至此，虽然这是最佳实践，但对如何实施这项措施或即使这样做是正确的也没有固定规则。你可能是一个自信且可靠的编码人员，但是你能确保调用 API 的编码人员都与你一样吗？

更糟糕的是，这种方法鼓励重复易错的代码，以至于自身添加了重复的逻辑、过多的嵌套和延迟的返回。nil 哨兵使用了错误填充的副作用，允许你绕过或者忽略返回的错误，并且没有从使用者操作失败的来源中提供足够可靠的途径。为了避免这些问题，Swift 2.0 被重新设计。

更新后的错误系统为错误提供了新的途径。在修改后的系统中，主要考虑错误发生在何处以及出现错误的原因。你不再直接传递错误，这避免了可能会错误地取代错误的error参数或者意外地传递nil。而只需向运行时系统抛出错误，并且在要使用的时候对它使用try和/或catch。throws关键字注解在新系统中可以使用的任何方法。

考虑本节前面介绍的 NSAttributedString 函数更新后的 API。这个函数增加了 throws 关键字，NSData?的返回值不再是可选项，并且 NSError 参数已经完全消失了：

```
// New
func dataFromRange(range: NSRange,
   documentAttributes dict: [String : AnyObject]) throws -> NSData
```

在可能的地方，可失败的函数应该遵循这个标准并且使用抛出函数返回非可选值的方式来替换可选哨兵。这种迁移是一项非常重要的工作，如在下面的步骤中所见，其中描述了必须执行的任务：

(1) 在参数列表后添加 throws 关键字。

(2) 如果返回类型被作为“哨兵”，那么将问号去掉，把可选类型转变为非可选类型。

(3) 如果需要，创建一个错误类型，表示可能会遇到的错误状态。

(4) 使用自定义的错误类型，替换任何 return nil 调用，也就是说使用 throw 语句来报告错误。

(5) 审计你的调用点：

- 如果不关心错误信息，就在调用中添加 try?。这种方法能够在很大程度上保留预先转换的代码，因为 try?调用连接到新的错误机制但是返回可选项。当然，忽略错误并不是一个好主意，API 在报告错误时有充分的理由。
- 如果你保证返回成功的结果而不引发错误，就可以使用 try!并且移除处理可选项的代码，如 guard 和 if-let。这种做法很危险。任何抛出的错误将直接导致应用崩溃。
- 如果想处理错误，则使用 try 和在调用中嵌入 do-catch 的方式来替换 guard、if-let 以及其他可选项处理的结构。这种首选方法可以区分错误，并提供运行时缓解(runtime mitigation)，但这也需要最多的重构工作。

6.3.2 规则 2：使用 throw 抛出错误

当应用不能正常地继续执行流程时，就会在问题发生点抛出错误：

```
if some-task-has-failed {throw error-instance}
```

抛出的错误会离开当前的作用域(在执行所有挂起的 defer 块后)并调用 Swift 的错误处理系统。该系统能够使 API 的使用者报告错误，处理错误(使用 do-catch 或使用 try?作为一个可选项)，并尝试解决方法。

错误遵循 ErrorType 协议，但是该协议基本上没有限制错误看起来应该如何或你应该如何实现它。但你更喜欢 NSError 结构的实例，许多 Swift 开发者更喜欢使用 Swift 原生的 ErrorType 结构，该结构可以更好地表示和传达问题。例如，Swift 枚举提供了一种很好的方式将相关的错误组合在一起：

```
enum MyErrorEnumeration: ErrorType {case FirstError, SecondError, ...}
```

可能会创建一个与身份验证相关的错误枚举。在下面的示例中，其中一个案例使用相关联的值来指示最小重试周期：

```
enum AuthenticationError : ErrorType {
    case InvalidUserCredentials
    case LoginPortalNotEnabled
    case PortalTimeOut(Int)
}
```

所有标准的 Swift 特性，从关联值类型到类型方法再到协议，对你的错误都是可用的。你没有发送抽象的信号，而是抛出具体的类型实例。Swift 不限制只打印错误以及从方法调用中过早地返回，如果应用不需要更复杂的功能，就可以这样做。上下文丰富(context-rich)的特性使你能够捕获和使用错误实例，帮助你从失败中恢复并为用户提供解决方法。

注意：

在内部，Swift 以一个额外的参数来实现任何 throws 函数。该参数指向调用者放在堆栈上的错误存储槽。在使用 try 调用后，返回时调用者会检查该值是否已经被放在该存储槽中。

6.3.3 规则 3：使用带有可见访问的错误类型

可以在任何地方声明要使用的错误类型，只要它们在被抛出和捕获的点上可见。如果错误是特定的类，可以将它们作为嵌套类型直接融入它们所支持的类中。使用访问控制修饰符可以确保适当的可见性。

在下面的示例中，AuthenticationError 类型被嵌套在 AuthenticationClass 中。它使用了 public 修饰符，确保该错误可以被父类的任何客户端看见、消耗和使用，甚至在当前模块的外部也是可见的：

```
public class AuthenticationClass {
   public enum AuthenticationError : ErrorType {
      case InvalidUserCredentials
      case LoginPortalNotEnabled
      case PortalTimeOut(Int)
   }

   public func performAuthentication() throws {
      // ... execute authentication tasks ...
      // ... now something has gone wrong ...
      throw AuthenticationError.InvalidUserCredentials
   }
}
```

6.3.4 规则 4：使用 throws 来标记所有错误参与的方法

使用 throws 关键字注解抛出错误的方法。该 throws 关键字位于函数的参数列表和返回类型之间：

```
func myFailableMethod() throws -> ReturnType {...}
```

标记任何直接抛出错误的方法。首先你可能不会考虑使用 try 来标记相应的方法，仅仅是因为它们自己不消耗错误。因此，如果你的方法不捕获或处理错误，那么它必须使用 throws 关键字：

```
func myMethodThatCallsTry() throws {
```

```
    try someFailableMethod()
}
```

当你的方法使用 do-catch、try!或者 try?时，它们都可以为错误提供一个端点，除非不使用 throws 注解，当然，该方法本身抛出另一个错误或不消耗所有可能的错误。下面的方法不需要 throws 注解：

```
func myMethodThatCatches() {
    do {
        try someFailableMethod()
    } catch {
        // handle error
    }
}
```

但是下面的示例使用了 throws 注解：

```
func myMethodThatCatches() throws {
    do {
        try someFailableMethod()
    } catch MyErrorType.OnlyOneKindOfError {
        // handle just this kind of error
        // but other errors may fall through
    }
}
```

6.3.5 规则 5：坚持使用 rethrows

rethrows 关键字是指一个可以执行闭包且该闭包本身可以抛出错误的方法。当使用 try 调用该闭包时，该闭包可以 throws，并且父对象可以 rethrows 任何错误：

```
func myRethrowingMethod(closure: () throws -> Void) rethrows {
    try closure()
}
```

当使用协议时，throws 方法不能重写 rethrows 成员(虽然可以使用 rethrows 成员来满足 throws 成员)。使用 rethrows 可以持续指示两个阶段的错误处理过程并避免潜在的编译器错误。如果函数接受一个闭包作为参数并且你想抛出这个闭包参数(但除了这个闭包参数外，函数本身并没有抛出任何东西或调用任何抛出的 API)，请使用 rethrows。

6.3.6 规则 6：消耗错误是很重要的

顺着错误链，有时方法可能十分关心那些潜在的失败任务，以对错误负责。在这种情况下，代码有很大的灵活性。它可以完全消耗一个错误，可能会在继续执行错误链之前执行部分缓解。它可能将错误封装成一个更高级的错误，而不是从底层的 API 中泄露错误。如果将链继续下去，那么就使用 throws 关键字来标记该方法。甚至当某个方法消耗了一个错误时，该错误也是可以被抛出的：

```
func myPartiallyMitigatingMethod() throws {
    do {
        try someFailableMethod()
    } catch {
        // perform mitigation tasks ...
        // then continue error chain
        throw error
    }
}
```

6.3.7 规则 7：终止线程的错误链

当使用异步代码时，为抛出的任何方法都提供一个自然的端点。许多异步 Cocoa 调用使用 completion 处理程序。你放置一个请求，当请求完成时就执行 completion 块，而不管该请求是成功还是失败。

你不能 try 这些异步调用。这毫无意义，因为通常会通过一个处理程序来了解和管理错误状态。而当使用在处理程序中返回的值时，该处理程序就已经为此设计好了。典型的处理程序提供一个数据和错误参数的元组，如下面的 Social 框架示例所示：

```
slrequest.performRequestWithHandler {
    (NSData!, NSHTTPURLResponse!, NSError!) -> Void in
    // code handling
}
```

测试该数据参数，如果它的值被设置为一个 nil 哨兵，就处理错误缓解。否则，就处理数据。这种方式为 if-let 操作提供了自然配合。

Swift 重新设计的错误系统不影响函数调用的外部。在这个请求中没有东西可以捕获，所以不必使用 try 来调用它。内部的处理程序是另一回事。

下面的示例放置了一个异步请求。它将返回的数据转换为字符串，并将该字符串保存到文件中：

```
slrequest.performRequestWithHandler {
    (data: NSData!, response: NSHTTPURLResponse!, error: NSError!) -> Void in
    if let string = String(data: data, encoding: NSUTF8StringEncoding) {
        try string.writeToFile("/tmp/test.txt",
            atomically: true,
            encoding: NSUTF8StringEncoding)
    }
}
```

因为 writeToFile:atomically:encoding:函数抛出，所以可以使用 try 的一些变体来调用该函数。这在处理程序闭包中设置了一个错误处理的小环境。

在此，你会遇到一个问题。编译器会报出一个错误，如下所示：

```
invalid conversion from throwing function of type '(NSData!, NSHTTPURLResponse!,
NSError!) throws -> Void' to non-throwing function type '@convention(block)
(NSData!, NSHTTPURLResponse!, NSError!) -> Void'
```

将 try 添加到处理程序闭包，可以将该闭包转换成一个抛出类型的闭包。由于没有详尽的 catch、try?或 try!，因此它可能是一个进一步传播的未处理的错误。performRequestWithHandler 参数没有接受抛出闭包。为了缓解这个问题，返回了一个非抛出的闭包版本。

为此，消耗了在块中抛出的错误。可以使用任何样式的 Swift 解决方案，如 do-catch 或 if-let-try?。彻底地消耗错误，可以将抛出的闭包转换成一个非抛出的版本，使其可以作为处理程序参数被传递。通过提供一个完整的路径来跟踪错误，可以确保每个潜在的错误都可以到达端点。

当使用 Grand Central Dispatch (GCD)时会遇到相似的问题。与 Social 请求一样，GCD 执行一个异步的闭包。并没有对 GCD 进行设置，使之接受一个包含 throws 签名的闭包签名。在下面的示例中，外部函数调度一个 throws 块：

```
public func dispatch_after(delay: NSTimeInterval, block: () throws -> Void) {
    // Construct error-handling equivalent dispatch
    dispatch_after(

        // build time offset
        dispatch_time(DISPATCH_TIME_NOW,
            Int64(delay * NSTimeInterval(NSEC_PER_SEC))),

        // "It is recommended to use quality of service class values to
        // identify the well-known global concurrent queues."
        dispatch_get_global_queue(QOS_CLASS_DEFAULT, 0),
```

```
        // Integrate error-throwing block into self-contained
        // do-catch error-handling structure
        {
            do {
                try block()
            }
            catch {
                print("Error during async execution")
                print(error)
            }
        }
    )
}
```

要想成功运行，该示例必须尝试阻止和捕获任何错误。详尽的捕获可以防止这些错误进一步传播，并将内部闭包转换成没有 throws 签名的闭包。

没有这个开销，内部的 dispatch_after 调用将不会被编译。如果闭包包含任何剩余的错误路径，那么就不能提供预期非抛出的 dispatch_block_t 参数。

注意：
可以很容易地让这段代码来接受一个错误处理程序和/或 completion 处理程序，以扩展该方法的功能性和灵活性。

6.4 构建错误

为了引发错误，抛出任何遵循 ErrorType 协议的实例。最简单的情况是创建一个结构体并且抛出它，如下面的示例所示：

```
public struct SomethingWentWrong : ErrorType {}
...something happens...
throw SomethingWentWrong()
```

在最可能的情况下，诊断程序读起来不应该像随机的幸运签语饼中的纸条[1]，更应该像是解释失败原因的结构性指针，例如，应避免下面的情况：

```
public enum SomethingWentWrongError: ErrorType {
    case YouWillFindNewLove
```

[1] 译者注：幸运签语饼是一种美式的亚洲风味脆饼，其中带有预测的小纸条。

```
    case AClosedMouthGathersNoFeet
    case CynicsAreFrustratedOptimists
    case WhenEverythingIsComingYourWayYouAreInTheWrongLane
}
```

6.4.1 良好的错误

错误存在于信息和控制流的交叉点处。在专业的环境中应该编写良好的错误，以供人们使用。以下几点讨论如何为开发人员创建最合适的错误内容：

- **明确**。良好的错误信息应该确定问题是什么，问题是由什么引起的，问题的根源是什么，以及如何解决问题。从 Foundation 中获取灵感，在错误反馈中应提供错误原因和恢复建议。
- **精确**。错误越是追溯到一个特定的故障点，最终的程序员就越能更好地使用它来修复代码或者更好地响应运行时的解决方案。
- **合并细节**。Swift 的错误使你能够创建结构、关联值，并且为出错的地方和出错的原因提供重要的上下文。为错误创建更多的细节信息。
- **清晰简洁**。不要仅仅为了简短的错误信息而删除单词。使用“无法访问未初始化的数据存储”，而不是“未初始化”。与此同时，你的解释要解决你的错误。应避免不必要的额外的东西。
- **添加支持**。当合并 API 和参考文档时，进一步帮助解释情况和支持恢复。可以是链接，也可以是片段。完整的文档是没有必要的。允许像 Quick Help 这样的特性在没有试图修改它们的情况下来正确地填充其角色。
- **避免专业术语**。如果你的错误可能在眼前的工作环境之外被使用，那么避免使用专业术语尤为重要。有疑问的时候，优先为项目的具体名称和缩写词使用更简单的和更普通的词汇。
- **要文雅**。使用的措辞不要侮辱队友、经理或者正在苦苦挣扎的 API 开发者们。要尽量减少幽默，因为幽默的传播性不好。有意自嘲的错误消息可能在未来的某个时刻失败。

> **注意：**
> 向最终用户送达错误条件超出了本章的讨论范围。

6.4.2 为错误命名

对于错误命名这个任务，笔者不想使用很多规则，但想提供关于该内容的一些建议：

- 在处理不重要的应用时，可以随意使用不重要的名称，尤其是在 Playground、示例代码和测试应用中：

```
enum Error: ErrorType {case WrongFile, ItsMonday, IFeelCranky}
```

- 在类型命名时使用 Error 单词。使用 FileProcessingError；而不用 FileProcessing。
- 在枚举和结构名称中清楚地描述错误的情况。使用 FileNotFound(枚举)或 FileNotFoundError (结构体)；而不用Missing。
- 支持带有标签关联值的枚举 case：

```
case FileNotFound(fileName: String)
```

6.5 添加字符串描述

ErrorType 首次被引入时只适用于枚举，后来扩展到了类和结构体。对于 Swift 开发人员来说，有一个小癖好，就是使用枚举来表示错误，但是，除非代码代表真实的枚举条件，否则这没有真正的优势，例如，使用 ParseError.UnexpectedQuoteToken 来取代 ParseError("Encountered unexpected quote token")。当有真实的枚举条件时，前一个示例允许错误的消费者知道确切的解析错误是什么。这可以在每个类型的基础上实施具体的解决方案。在未建立解析错误类型的情况下，使用字符串类型的错误限制了消费者了解错误类型(一个解析错误)。

优先使用枚举，这么做非常有意义，如可能出现的错误条件有一个截然不同的语法集合。例如，当你期望消费者使用 switch 语句根据不同的抛出错误来区分不同的动作时，需要使用枚举。在错误信息和错误都比较重要的情况下，应该优先使用非枚举的结构。在后一种情况下，重点在于与开发人员沟通的方式，而不是方案的选择，它有助于将字符串描述整合成文档，以文档化错误出现的原因。

6.5.1 添加原因

可以用简化的字符串来提供清晰的错误信息。信息提供了机会，而不支持错误条件的预定域。下面的代码段构建了一个遵循 ErrorType 协议的结构体，该结构体可以接受任意的字符串描述：

```
struct MyErrorType: ErrorType {
    let reason : String
}
```

默认的初始化器创建了一个 reason 属性，该属性伴随着错误结构体一并被抛出：

```
throw MyErrorType(reason: "Numeric input was out of range")
```

此自定义错误打印如下：

```
MyErrorType(reason: "Numeric input was out of range")
```

6.5.2　简化输出

为了免除在上面示例中看到的结构体的开销，让其遵循 CustomStringConvertible 和 CustomDebugStringConvertible，如下面的代码段所示：

```
struct MyErrorType: ErrorType, CustomDebugStringConvertible {
    let reason : String
    var debugDescription: String {
        return "\(self.dynamicType): \(reason)"
    }
}
```

这个被更新的错误打印更为简单，只呈现类型和原因，如下面的示例所示：

```
MyErrorType: Numeric input was out of range
```

可以将这种行为捆绑到一个协议中，如秘诀 6-1 中所示，然后使错误类型遵循这个新的错误类型协议，而不是 ErrorType 协议。

秘诀 6-1　自描述的错误类型

```
public protocol ExplanatoryErrorType: ErrorType, CustomDebugStringConvertible {
    var reason: String {get}
    var debugDescription: String {get}
}

public extension ExplanatoryErrorType {
    public var debugDescription: String {
        // Adjust for however you want the error to print
        return "\(self.dynamicType): \(reason)"
    }
}
```

在下面的示例中，CustomErrorType 的实例使用协议扩展提供的默认打印行为：

```
public struct CustomErrorType: ExplanatoryErrorType {
    public let reason: String
}
```

6.5.3 扩展字符串

ErrorType 实际上可以扩展 String，所以可以抛出一个字符串实例作为错误。下面的示例抛出、捕获并打印"Numeric input was out of range"，但是没有使用 MyErrorType：

```
extension String : ErrorType {}
do {throw "Numeric input was out of range"} catch {print(error)}
```

虽然这对于简化应用是一个方便的解决方案，但也存在缺点。这种解决方案要求你处处让 String 遵循 ErrorType 的单点一致性。冗余的一致性引发了编译时错误。如果在一个文件中使用该技巧，然后在一个模块中使用相同的技巧，将会遇到问题。

6.5.4 类型特定的错误

使用类型特定的公共错误可以确保 ErrorType 定义是本地类型，然后可以抛出它们。不要觉得这样的代码是重复的，如下所示：

```
public struct FileInitializationError: ErrorType {let reason: String}
```

并且觉得有损于开发工作：

```
public struct ServiceError: ErrorType {let reason: String}
```

与此相反，上下文特定的类型的名称在描述错误源时添加了实用程序。即使它们的代码看起来几乎相同，它们的最小实现也给项目增加了开销。将错误添加到它们的使用类型中，这意味着错误与它们相关的代码进行了绑定。这样，就可以避免跨文件定义，以及在项目源文件中限制冗余定义。应该将错误类型尽可能嵌套到父结构中，即使是利用错误的类型和错误本身有着更紧密的联系。

6.6 获取上下文

知道一个错误来自何处，就可以添加上下文，以理解和利用它。在秘诀 6-2 中，对 ErrorType 的简单扩展产生了一个字符串，描述了错误的起源。该扩展使用 Swift 的内置关键字(__FILE__、__FUNCTION__、__LINE__)实现了 contextString 方法。这些关键字描述了调用作用域的上下文。作为默认值，它们会自动为函数名、文件名和行号填充参数。

秘诀 6-2 为错误添加上下文

```
extension ErrorType {
    public func contextString(
```

```
        file : String = __FILE__,
        function : String = __FUNCTION__,
        line : Int = __LINE__) -> String {
            return "\(function):\(file):\(line)"
    }
}
```

因为这是 ErrorType 的扩展，所以 contextString()方法对于所有遵循该协议的类型都是可用的。在抛出之前，可以使用这种方法来修改错误，通常是将上下文赋值给抛出上下文中的一个属性。如果尝试使用初始化器中的 contextString()函数，该上下文字符串将会公布初始化器的文件、行数和函数，而这些可能并不是你想要的。下面的示例展示了如何使用这种方法：

```
struct CustomError: ErrorType {
    let reason: String
    var context: String = ""
    init(reason: String) {
        self.reason = reason
    }
}

class MyClass {
    static func throwError() throws {
        var err = CustomError(reason: "Something went wrong")
        err.context = err.contextString()
        throw err
    }
}
```

可以使用这种方法将上下文记录到日志中或者用来定制你的错误。

注意：

也可以将获取上下文的特性内置到 ErrorType 初始化器中。在 http://ericasadun.com/2015/06/22/swift-dancing-the-error-mambo/中提供了一个如何使用该方法的示例。该示例是在 Swift 2.0 为结构体和类扩展错误类型之前编写的，不必再手动构建_domain 和_code 属性。

6.6.1 将字符串置于上下文中研究

下面的代码在秘诀 6-2 的基础上做了一些修改，使你能够使用单独的函数来获取上下文：

```
func fetchContextString(file : String = __FILE__,
    function : String = __FUNCTION__,
    line : Int = __LINE__) -> String {
        return "\(function):\(file):\(line) "
}
```

这种方法能够在任何构建字符串的地方获取上下文。例如，可以使用该函数为抛出的错误初始化 reason 属性：

```
struct MyError: ErrorType {let reason: String}
do {
    throw MyError(reason: fetchContextString() + "Something went wrong")
} catch { print(error) }
```

或者，如果已经在使用字符串错误，那么可以在上下文前面直接加一个字符串：

```
extension String: ErrorType {}
do {
    throw fetchContextString() + "Numeric input was out of range"
} catch {print(error)}
```

在这种情况下，字符串本身是错误类型。虽然对于简单的应用而言，这是一个便捷的解决方案，但它继承了使用 String 作为错误类型的疑难问题。

6.6.2 将抛出类型置于上下文中研究

秘诀 6-3 提供了另一种稍微复杂的获取上下文的方法。在这种方法中，上下文任务将被重定向到实现可失败方法(failable method)的类型中，在该示例中是 MyStruct。在秘诀 6-3 中，任何遵循 Contextualizable 协议的类型都可以使用默认的 constructContextError 方法来构建和抛出一个 ContextualizedErrorType。这个构造函数接受任意数量的参数，在错误报告中提供更大的灵活性。与秘诀 6-2 不同，秘诀 6-3 中的协议实现使你可以引用抛出上下文的动态类型。

秘诀 6-3 使用语境化的协议构建错误

```
// Contextual error protocol
public protocol ContextualizedErrorType : ErrorType {
    var source: String {get set}
    var reason: String {get set}
    init(source: String, reason: String)
}
```

```
// Enable classes to contextualize their errors
public protocol Contextualizable {}
public extension Contextualizable {
    // This constructor accepts an arbitrary number of items
    public func constructContextError <T:ContextualizedErrorType>(
        errorType: T.Type,
        _ items: Any...,
        file : String = __FILE__,
        function : String = __FUNCTION__,
        line : Int = __LINE__) -> T {
        return T(
            source:"\(function):\(self.dynamicType):\(file):\(line) ",
            reason:items.map({"\($0)"}).joinWithSeparator(", "))
    }
}

// This custom error type conforms to ContextualizedErrorType and can
// be constructed and thrown by types that conform to Contextualizable
public struct CustomErrorType: ContextualizedErrorType {
    public var reason: String
    public var source: String
    public init(source: String, reason: String) {
        self.source = source
        self.reason = reason
    }
}

// The conforming type can build and throw a contextualized error
public struct MyStruct: Contextualizable {
    func myFunction() throws {
        throw constructContextError(
            CustomErrorType.self, "Some good reason", 2, 3)
    }
}
```

正如从该秘诀中所见，安装程序包含更多的步骤，但实际的错误结构和抛出部分十分简单。一般情况下，要预先考虑带有 self 的 constructContextError 方法的清晰度。在本例中不能这样做，因为它是在协议扩展中实现的。

6.6.3 简化上下文

秘诀 6-4 提供了最后一种上下文方法，它是秘诀 6-3 的简化版本。秘诀 6-4 保留了细节收集特性，但抛出的错误仅限于单一的 Error 类型。由于源上下文被包含在该错误的 source 成员中，因此该实现提供了一个现实的权衡。

秘诀 6-4 较简单的上下文错误

```
public struct Error: ErrorType {
    let source: String; let reason: String
    public init(_ source: String = __FILE__, _ reason: String) {
        self.reason = reason; self.source = source
    }
}

protocol Contextualizable {}
extension Contextualizable {
    func contextError(
        items: Any...,
        file : String = __FILE__,
        function : String = __FUNCTION__,
        line : Int = __LINE__) -> Error {
        return Error(
            "\(function):\(self.dynamicType):\(file):\(line) ",
            items.map({"\($0)"}).joinWithSeparator(", "))
    }
}

public struct Parent: Contextualizable {
    func myFunction() throws {
        throw contextError("Some good reason", 2, 3)
    }
}
```

6.7 调用抛出函数

Yoda 大师可能没说“try or try not, there is no do”[2]。在 Swift 中，有 try，也有 do。了解这些特性能够将你的方法融入新的错误处理系统中。

使用 throws 或者 rethrows 来标记所有抛出的方法并且使用 try、try?或 try!来调用这些方法。这个没有任何装饰的 try 操作符提供核心的错误处理行为。try?操作符(try 后加了个问号)的作用相当于错误处理的方法和可选处理的消费者之间的桥梁。带有感叹号的 try!表示被强制的 try 表达。它能使你跳过 do-catch。

以下是一些事实：

- throws 关键字是函数类型的一部分(对于 rethrows 也是一样)。非抛出函数是抛出函数的子类。所以可以在非抛出函数中使用 try 操作符。
- 当柯里化时，throws 关键字仅仅适用于最里边的函数。
- 不能使用非抛出方法来重写抛出方法，但是可以使用抛出方法来重写非抛出方法。
- 抛出函数不能满足协议中非抛出函数的要求，但是可以使用一个非抛出函数实现来满足协议中抛出函数的要求。

6.7.1 使用 try

不同于可选项，可选项中失败的情况仅限于 nil 哨兵，错误处理使你能够判断出是什么错误，并且提供运行时机制来响应这些情况。Swift 提供了一些灵活的错误，以封装报告错误和从失败中恢复所需要的任何信息。可以通过 try 调用可失败抛出方法的方式来参与本系统。请将 try 关键字置于任何抛出函数或方法的调用之前：

```
try myFailableCall()
```

为了响应抛出的错误，将 try 调用放在 do-catch 结构中：

```
do {
   try myFailableCall()
} catch {
   // handle error here
}
```

前面的代码段使用单个 catch 子句来匹配所有的错误。使用模式匹配子句和 where 子句 do-catch 也支持多个 catch 子句，如下面的示例所示：

```
enum StateError : ErrorType {
```

[2] 译者注：《星球大战》中 Yoda 大师说的原话是“Do or Do Not. There Is No Try”。

```
    case GeneralError // simple enumeration case
    case UnsupportedState(code: Int, reason: String) // associated values
}

// Throw an error with associated values
func myFailableCall() throws {
    if !testForSuccess() {
        throw StateError.UnsupportedState(code: 418, reason: "I'm a teapot")}
}

do {
    try myFailableCall()
} catch StateError.GeneralError {
    print("General Error")
} catch StateError.UnsupportedState(
    let code, let reason) where code == 418 {
    print("Unsupported Coffee state: reason \(reason)")
} catch {
    print("Error is \(error) of some kind")
}
```

在上述示例中，最后一个 catch 子句是详细的。它匹配抛出的所有错误。尽管这个子句没有使用任何 let 或 var 的赋值，但默认情况下它可以访问一个名为 error 的本地变量，error 中存储的是捕获的最新错误。这个 error 常量不适用于模式匹配子句。

6.7.2 错误传播

当 do 语句不详尽时，它的错误将会传播到周围的作用域中，如下面的示例所示：

```
func partiallyHandle() throws -> String {
    do {
        try myFailableCall()
    } catch StateError.UnsupportedState(let code, _) where code == 0 {
        // this will never happen because code is never 0
        return("Error Condition")
    }
    return "Success Condition"
}
```

在这个人为的示例中，catch 语句负责处理不成功的情况。此函数为错误使用了 throws 关键字，在该函数的作用域中没有对错误进行完全处理。上面的代码在功能上与下面的代码相同：

```
func partiallyHandle() throws -> String {
    try myFailableCall()
    return "Success Condition"
}
```

如果 catch 是详尽的，则该函数可以被转换成下面的非抛出版本：

```
func handle()-> String {
    do {
        try myFailableCall()
    } catch {
        return("Error Condition")
    }
    return "Success Condition"
}
```

在此，函数省略了 throws 关键字，并且结束了错误处理链。即使 try 语句失败，该函数也会返回一个有效的 String 值。

注意：

在现实世界中，当处理 NSUserCancelledError 的特殊情况时，或者当删除文件 NSFileNoSuchFileError 时，可能会发生部分处理的情况。这两种情况有时可能会成功,因为它们正好积极地符合用户的期望和要求。例如，考虑一个移除缓存文件的函数，如 func removeMyCachedFile() throws，该函数在内部处理 NSFileNoSuchFileError，但是也为调用者报告其他所有错误。

6.7.3 使用 try!

强制 try(try!)在运行时断言中封装你的调用，它使用最高质量的断言精心设计，通过神奇的技术编译禁止错误的传播。

```
try! myFailableCall() // may succeed, may crash
```

当它们失败时，会华丽地失败，并抛出运行时错误，而不会将错误传递给应用中的错误处理程序。当应用崩溃时，用户给你一颗星的评论。

那么，为什么要使用该命令呢？try!意味着抛出一个调用，但是要确保它永远不会失败，例如，当所调用的参数被记录时绝不会被抛出。通常情况下，先测试那些失败的情况，然后才强制 try。作为一项规则，不要使用 try!，除非确保抛出函数不会被抛出。一个强制的 try 基本上表明“只管继续走，并执行这些抛出操作，如果失败了，那就这样吧。” try! 可以使一些程序的运行非常方便，此时你并不关心失败和崩溃。

6.7.4 使用 try?

try?操作符在 Swift 的错误处理系统和可选项之间架起了一座桥梁。它返回一个可选值，该可选值封装了成功的结果，“捕获”错误时就会返回 nil。可以在标准的可选处理程序中使用它，如下面的示例所示：

```
guard let result = try? somethingThatMayThrow() else {
   // handle error condition and leave scope
}
if let result = try? somethingThatMayThrow() {}
let result = (try? somethingThatMayThrow()) ?? myFallbackValue
```

在每个示例中，代码都有条件地为 result 绑定了一个非可选值，并且丢弃该错误。在 Swift 2.0 之前，使用的是下面的方法：

```
if let value = request(arguments, error:&error) {
   ...success..
} else {
   ...print error and return/die...
}
```

或者此非可选项在 Swift 2.0 中的错误处理实现如下：

```
do {
    let value = try request(arguments)
} catch {... print error and return/die ...}
```

你工作在一个将错误条件自动转换成 nil 值的系统中。该方法具有如下优点：

- Swift 为可为空的可选项和错误系统之间提供了互操作。例如，你可以编写抛出函数并且可以使用 if-let 来消耗它们。try?为这些范式架起了桥梁。
- 在调用上下文的地方专注于成功/失败，只承担报告错误条件的责任。“我试着完成一些任务，但失败了。”传统错误描述了错误的原因。现在要描述的是你想要做些什么。

你失去的东西如下所示：

- Cocoa 样式的错误处理。产生的任何错误都被丢弃，你将看不到它们或者不了解它们。

- 错误源信息，如产生问题的文件和例程。你要知道的全部就是调用链在什么地方失败了，但是你不知道失败的原因或者是如何失败的。
- 铁路或货运列车式的发展[3]，在这里将函数与一个绑定操作符相结合，通过链的末端来传播错误。

因此，应该在何时使用错误到可选项的桥接(error-to-optional bridging)呢？以下是你可能会考虑的两个场景：

- 当你更专注于成功或失败，而不是失败的原因时。
- 当你使用已经过良好测试的 API 链时。因此，如果不能构建一个 URL 或者存储到文件等，你只需要标记它，并且为一个“没有执行成功”的场景恢复代码并继续执行。

6.8 为 try?实现替代方法

try?的优点在于你不必将调用封装到do-catch块中。其结果作为可选项进行返回：“.Some”表示成功的结果，“.None”表示失败的结果。可以在if-let语句和guard语句中使用try?。try?的缺点在于它丢弃了错误，当出错时你无法弄明白何时何地出现了错误。这从来都不是一件好事。

可以通过实现一个简单的结果枚举来给出 try?的替代方法，如秘诀 6-5 中所示。该枚举在单一类型中表示成功和失败的情况。

秘诀 6-5 使用自定义结果枚举替代 try?

```
enum Result<T> {
    case Value(T)
    case Error(ErrorType)

    func unwrap() throws -> T {
        switch self {
        case .Value(let value): return value
        case .Error(let error): throw error
        }
    }

    // Value property
    var value: T? {
        if case .Value(let value) = self { return value }
```

[3] 译者注：作者打了一个比喻，如果使用链式传播错误，该错误传播的链会越来越长，如火车一样逐渐增加。

```
        return nil
    }

    // Error property
    var error: ErrorType? {
        if case .Error(let error) = self { return error }
        return nil
    }

    init(_ block: () throws -> T) {
        do {
            let value = try block()
            self = Result.Value(value)
        } catch {
            self = Result.Error(error)
        }
    }
}
```

在秘诀 6-5 中，并没有直接使用 try 操作符，如下面的示例所示：

```
let result = try myFailableCoinToss()
```

而是调用了 Result 构造函数：

```
let result = Result(myFailableCoinToss)
```

要在 if-let 和 guard 之外展开结果，使用 switch 语句进行模式匹配：

```
switch result {
case .Value(let value): print("Success:", value)
case .Error(let error): print("Failure:", error)
}
if case .Value(let value) = result {
    print("Success:", value)
} else if case .Error(let error) = result {
    print("Failure:", error)
}
```

6.8.1 谨慎使用结果

秘诀 6-5 的实现使你能够在标准的 guard 语句中使用 value 和 error 属性。与 try?不同，该 error 是为使用和传播而准备的。该示例使用了 fatalError，因为要在一个示例 playground 中展示它。在实际的代码中，会抛出、封装或者处理错误。在此，你也希望使用强制展开(forced-unwrapping)：

```
// guard the result value, otherwise handling the error with forced unwrap.
guard let unwrappedResult = result.value else {
    fatalError("\(result.error!)")
    // leave scope
}

// result is now usable at top level scope
print("Result is \(unwrappedResult)")
```

6.8.2 构建 try?的打印版本

秘诀 6-6 提供了另一种更能模仿 try?的方法，该方法对引发的任何错误都进行打印。该 attempt 函数以自定义的实现方式执行与 try?相同的任务。

秘诀 6-6 使用打印来模仿 try?

```
func attempt<T>(block: () throws -> T) -> Optional<T>{
    do {
        return try block()
    } catch {
        print(error)
        return nil
    }
```

该秘诀中的方法让你从 try?的 if-let 和 guard 的行为中获利，同时也确保了被返回的错误得到足够的重视。调用方式如下：

```
let result = attempt(myFailableCoinToss)
```

在该方法中，不能把错误恢复策略建立在错误类型及其细节的基础上，但并没有完全丢弃这些信息。

6.9 使用 guard 和 defer

当在 Swift 更新后的错误处理系统中工作时，依赖 guard 和 defer 来确保代码健壮执行。这些结构使你能够控制代码是否在当前作用域中允许执行，并且在控制离开当前作用域时添加强制的清理任务。秘诀 6-7 展示了 guard、defer、throws 这三种元素在函数使用 popen 执行系统调用时的实际作用。

秘诀 6-7 优化 guard 和 defer

```
public struct ProcessError : ErrorType {let reason: String}

// Execute a system command return the results as a string
public func performSystemCommand(command: String) throws -> String {

    // Open a new process
    guard let fp: UnsafeMutablePointer<FILE> = popen(command, "r") else {
        throw ProcessError(reason: "Unable to open process")
    }; defer{fclose(fp)}

    // Read the process stream
    let buffer: UnsafeMutablePointer<UInt8> =
        UnsafeMutablePointer.alloc(1024); defer {buffer.dealloc(1024)}
    var bytes: [UInt8] = []
    repeat {
        let count: Int = fread(buffer, 1, 1024, fp)
        guard ferror(fp) != 0 else {
            throw ProcessError(reason: "Encountered error while reading stream")
        }
        if count > 0 {
            bytes.appendContentsOf(
                Array(UnsafeBufferPointer(start:buffer, count:count)))
        }
    } while feof(fp) == 0

    guard let string =
        String(bytes: bytes, encoding: NSUTF8StringEncoding) else {
        throw ProcessError(reason:"Process returned unreadable data")
```

```
    }
    return string
}
```

之所以选择这个示例，是因为它提供了 defer 和 guard 语句的多样化集合。该示例从多个点展示了这两个命令。

guard 语句引入了一个或多个先决条件。如果条件满足，就允许继续执行当前作用域的代码。如果条件不满足，guard 语句就会强制执行 else 子句并且必须退出当前作用域。如秘诀 6-7 尾部的字符串初始化步骤中所示，guard 通常用在带有条件绑定的串联中。如果字符串不能被创建，那么绑定失败，并且 else 子句抛出一个不可读的数据错误。如果绑定成功，就可以在作用域的外部使该字符串变量可用，这与其他可选的绑定情况不同。

guard 命令不只局限于和可选项一起使用，正如在检查过程流的错误指示器的 ferror 测试中看到的那样。ferror 测试是一个简单的布尔测试，返回 true 或 false。由于在错误流中代码不应该继续执行，因此 guard 语句确保抛出错误并退出当前函数的作用域。

正如在 if-let 中所做的那样，可以使用逗号分隔子句的方式来级联 guard 语句。这为在函数和方法的开头创建变量提供了一种简单的方法，用一个错误处理块来处理任何失败的条件语句。

defer 添加了延迟执行的命令，直到当前代码块准备退出。你可以关闭文件、释放资源和执行任何其他的清理工作，否则可能需要处理来自单个调用中的早期退出的失败条件。笔者喜欢在要求执行设置调用的下方添加 defer 语句。秘诀 6-7 中的 defer 调用用于关闭流和释放内存。

无论是否遇到错误，每个 defer 块都会在作用域结束时执行。这确保无论函数是返回一个值还是抛出一个错误，它们都运行。Swift 将其 defer 块存储在堆栈中。这些 defer 块以其声明的相反顺序执行。在这个示例中，释放内存总在文件关闭前执行。

6.10 小结

Swift 的错误系统引入了积极的方式来响应和缓解错误，这种方式在使用前不必测试哨兵和展开值。当失败条件对代码感兴趣时，错误传播可以确保你仅处理错误，这使你能够避免重复的和容易出错的中间实现。Swift 的新方法简化了错误处理的方式，因为 nil 与其调用者的实际利益密切相关，而不仅仅是“something went wrong”(发生了一些错误)的替身。

第7章 类 型

当涉及类型时，Swift提供了三个不同的系列。在Swift的类型系统中包括类(为引用类型)、枚举和结构体(后两者都为代数值类型)。每一种类型都具有独特的优势和特性来支持开发工作。本章介绍了在 Swift 语言中使用的一些关键概念，并且探讨了这些类型在应用中的工作方式。

7.1 语言概念

在深入研究具体类型之前，本节快速回顾了 Swift 语言在设计中使用的一些关键概念。以下术语帮助你理解 Swift 的类型系统，并且使你能够更好地理解每种类型在应用中所起的作用。

7.1.1 引用类型和值类型

在选择类型时，了解值类型和引用类型之间的区别非常重要。两者之间最大的区别在于：当把一个引用类型的值赋给一个变量或者作为参数进行传递时，该引用类型的值不会被复制，但是值类型的数据在这种情况下会被复制。

虽然引用类型的值不会被复制，但引用类型会记录单个数据在内存中存储的位置。被复制的是值的引用，而不是值本身。记录同一位置的两个引用，可以使用不同的名称来访问和修改内存，这被称为别名。引用被修改就会影响其他引用的内容，反之亦然。相比之下，若两个值在初始化时带有相同的语义内容，那么无论它们的数据如何更新，彼此都不会受到影响。

对此最好通过一个示例进行分析。在 Swift 中，类是引用类型，结构体是值类型。以下代码创建了两个包含相同成员属性的结构：

```
class MyClass {
   var name: String = "Tom"
   var age: Int = 35
}

struct MyStruct {
   var name: String = "Tom"
   var age: Int = 35
}
```

下面的语句为每种类型都创建了一个实例并且为该实例进行了赋值操作：

```
let classInstance1 = MyClass()
let classInstance2 = classInstance1
var structInstance1 = MyStruct()
var structInstance2 = structInstance1
```

在该示例中，类的实例是常量(使用 let 修饰)，结构体的实例是变量(使用 var 修饰)。

在使用引用类型时，修改的是数据的引用点，而不是引用本身。改变其中一个引用的数据，另一个引用的数据也会发生变化：

```
classInstance1.age = 88
print(classInstance2.age) // 88
classInstance2.age = 55
print(classInstance1.age) // 55
```

相反，结构体是值类型。因为数据被复制了，所以更新其中一个变量的值，另一个实例不会被更新，反之亦然：

```
structInstance1.age = 88
print(structInstance2.age) // 35
structInstance2.age = 55
print(structInstance1.age) // 88
```

注意：
Swift 的闭包和函数都是引用类型。

7.1.2 复制与回写

Swift 没有使用指针。当使用一个 inout 参数调用方法时，它使用了 copy-and-write-back(复制与回写)机制，避免在函数中引用一个外部变量。这种方式意味着不需要引用指针，该方式在 C 语言或 Objective-C 中也适用。下面的代码使用 inout 字符串参数对存储在 myString 中的数据进行更新：

```
func myFunction(inout myParameter: String) {
    myParameter = "Hello"
}

var myString = "My String"
myFunction(&myString)
print(myString) // "Hello"
```

虽然在调用函数时使用&符号来表示 inout，但是它没有使用获取地址的功能或直接对实例进行修改。理解上述问题最好的方式是调用一个功能相同并含有计算属性的函数。下面的结构体创建了一个 gettable/settable 属性，该属性实际上并没有受到赋值的影响：

```
struct MyTest {
    var property: String {
        get {print("getting property"); return "Precomputed"}
        set {print("setting property")}
    }
}
```

当构建一个新的实例时，属性值并不受赋值的影响：

```
var myTestInstance = MyTest()
myTestInstance.property // "Precomputed"
myTestInstance.property = "Try to update but can't"
print(myTestInstance.property) // It is still "Precomputed"
```

复制与回写意味着该结构体的工作方式与 myFunction 函数的实现方式相同，该方式不能在 Objective-C 中使用，也不可以直接用于更新内存。下面的代码段调用了 getter 方法来填充 myParameter[1]，在 myFunction 函数中执行代码，并且试图使用 setter 复制返回的值：

```
myFunction(&myTestInstance.property) // calls getter and then setter
```

[1] 译者注：从上下文看此处的 myParameter 应该为 parameter。

```
print(myTestInstance.property) // "Precomputed"
```

Chris Lattner 在旧的 Apple DevForums 中写道，“[S]wift 设计的一个要点是我们要为 API 长期的演变提供强有力的支持……你可以在不中断客户端的情况下使用计算属性来替换存储属性。该方法的关键部分是可以在 inout 中运行 getters 和 setters。”

7.1.3 代数数据类型

代数数据类型(Algebraic Data Type)是由其他类型组成的复合类型。这种数据类型可以使用原始数据类型——如字符串、双精度浮点数等以及其他复合类型(如 CGPoint、GLKVector3 和 CLLocationCoordinate2D)来进行创建。代数数据类型有两种形式，你可能已经熟悉 C 语言风格的结构体(struct)和联合体(union)。Swift 特有的代数数据类型是结构体(为结果类型)和枚举(为和类型)：

- 结果类型(product type)是一个记录(record)。可以通过标签来访问它的组成成员。无论如何使用该类型，它都保存了一些固定顺序的成员属性。例如，一个 person 结构体可能由一个字符串类型的 name 和一个整型的 age 组成。
- 和类型(sum type)是一个被标记的联合体(tagged union)，也称为变量记录(variant record)。它的存储可以使用几种布局来配置，被称为 case。只有一种情况适用于任何时间，并且在这种情况下定义了一些固定顺序的成员属性。一个枚举可能有几个 case，一个 person 的 case 存储了一个字符串和一个整数，一个 pet 的 case 存储了一个物种枚举，一个 rock 的 case 没有进一步的数据存储。每个 case 都占用了相同的内存空间，但布局细节取决于哪个 case 是有效的 case。

7.1.4 其他术语

由于 Swift 使用了几种类型，因此很难用传统的概念来讨论“类”和“对象”。并非所有的 Swift 类型都是类，也不是所有的 Swift 实例都是对象。你可以实例化一个枚举和扩展一个结构体。为了解决这个问题，Swift 提供了统一的新术语来更具体地表达你所做的事情：

- 类、结构体和枚举都是结构(construct)。可以使用这些程序化的构建块(programmatic building block)来构建代码。声明(declaration)建立新的结构。通过调用构造函数来创建新的实例。
- 结构包括成员(member)。这些成员包括存储属性、计算属性、初始化器(和析构器)、方法和下标。当使用协议时，它们也涉及所需的成员并且使用同一个成员术语作为符合和实现这些要求的结构。
- 静态(static)成员只为整个类型维护一个版本。虽然许多人认为它们是“类方法”和“类属性”，但是可以为所有的结构创建静态方法和属性，不仅限于类。

- 结构使用初始化器来设置实例的初始状态，并且可以选择析构器来准备释放实例。便利初始化器(convenience initializer)为创建结构提供了简单的切入点，不必为便利初始化器提供所有的属性初始值或者从关联类型中派生属性。当使用类时，指定的初始化器(designated initializer)提供了初级的初始化点，它保证了所有子类和继承的属性都进行初始化。必须为子类添加一个必要的初始化器(required initializer)或者为任何类型提供协议一致性。
- 在 Swift 中，一个全局的功能是一个函数(function)。在类型中它是一个方法(method)。在类外部可以使用标准的方法名和属性参数列表的语法来调用特定类的函数，从而使用该类的行为。
- 可以通过实现扩展(extension)来扩展结构的行为。结构也可以通过遵循协议的默认实现来扩展功能。这在其他编程语言中被称为特征(traits)或组合(mix-ins)，这些短语不是 Swift 的标准。类(也只有类)可以通过子类化来继承行为。其中包含的基于一致性的行为不会被继承。
- Swift 的访问控制(access control)根据代码在相关源文件和模块中的可见性来创建级别。可以为系统中的结构声明一个访问级别。公共的(public)访问权限确保实体可以被普遍看到和使用，并为代码指定一个公共接口(public interface)。使用内部的(internal)访问权限表示在模块范围内可见，模块外部的任何源文件都看不见。可以使用私有的(private)访问权限将可见性限制在当前源文件中，该权限的作用是对该源文件以外的部分隐藏具体的实现细节。使用 testable 标记模块，可以使单元测试绕过访问级别，并可以访问任何结构。

7.2 枚举

枚举(enumerations)就是有着不同命名的元素集合。一个手指(finger)的枚举可能包括拇指(Thumb)、食指(Index)、中指(Middle)、无名指(Ring)和小指(Pinkie)。一个等级(level)的枚举可能包括 Low(低)、Medium(中)和 High(高)。枚举不需要有意义或在某种形式上有完整的概念。Shinbone(胫骨)、Sneeze(打喷嚏)、PixieDust(唱片名)和 Penguin(企鹅)的集合是一个有效的枚举，Hearts(心)、 Moons(月亮)、Stars(星星)和 Clovers(三叶草)也是一个有效的枚举(从技术上准确地说，这些年来笔者注意到，幸运符也应该包括钻石(diamonds)、马蹄铁(horseshoes)、气球(balloons)、树(trees)、彩虹(rainbows)和金盆(pots of gold)，以及其他的一些饰品；默认的幸运符的集合是不确定的)。枚举仅仅需要在语法上是完整的，就像 Swift 中的 switch 语句要依赖详尽的 case 一样。

Swift 提供了三种样式的枚举和一个额外的变体，该变体具有不太符合标准的独特样式。这些枚举包括基本枚举、原始值枚举、关联值枚举以及间接值枚举。下面讨论这些样式的枚举并描述它们在 Swift 开发中所扮演的角色。

7.2.1 基本枚举

基本枚举由一个 case 列表组成。enum 关键字声明了该结构。在括号中声明了 case。可以将每一个枚举项分解为多个单独的 case 声明或将它们组合在一起，如下例所示：

```
enum Finger {case Thumb, Index, Middle, Ring, Pinkie}
```

Swift 中的枚举支持一行使用一个 case 关键字的形式，并且枚举项之间使用逗号进行分隔。类型名称(Finger)以及枚举项(Thumb、Index 等)都应该采用首字母大写的形式。

基本枚举自动实现了 Equatable 协议，使你能够使用==运算符进行比较。每个 case 都会有一个与之关联的哈希值。虽然可以很容易地猜测这些值是如何生成的，但是不能保证它们遵循任何特定的算法。不能通过这些哈希值来构造实例：

```
Finger.Thumb.hashValue // 0
Finger.Middle.hashValue // 2
```

枚举不会报告它有多少个 case(在该示例中是 5 个)。基本枚举没有关联值或者原始值，不提供构造函数。可以通过类型名后面紧跟枚举项(例如 Finger.Ring)的形式来创建新的实例。

Swift 的类型推断系统使你能够在类型本身明确的情况下省略类型名称的前缀。在这种情况下，可以使用一个句点(.)来进行枚举——例如，将[.Index, .Ring, .Pinkie]传递给一个被标记为 Finger 数组的参数。

7.2.2 使用哈希值来支持区间

可以在 switch 的单个 case 中列举多个 finger，如下例所示：

```
let finger: Finger = .Index
switch finger {
case .Thumb, .Index, .Middle, .Ring: print("Not pinkie")
default: print("Pinkie")
}
```

至少在原始的 Swift 中，不能在基本枚举的 case 中使用区间，尽管基本枚举项本质上是数字和有序的哈希值；在未来 Swift 的更新版本中，这些实现细节将会被改变。下面的代码不能在当前的 Swift 版本中编译：

```
switch finger {
case .Thumb...(.Ring): print("Not pinkie")
default: print("Pinkie")
}
```

编译器会提示区间操作符(...)不适用于这些参数。虽然该问题有许多解决方案，但是开发人员 Davide De Franceschi 指出最简单的方法是遵循 Comparable 协议。在秘诀 7-1 中为操作符的实现添加了一致性声明，添加后 switch 中的 case 就开始工作了。

秘诀 7-1 为基本枚举添加 Comparable 支持

```
extension Finger: Comparable {}
func <(lhs: Finger, rhs: Finger)-> Bool {
  return lhs.hashValue < rhs.hashValue }
```

在该方法中，最小的哈希值总是 0，最大的哈希值是未知数。它假定底层的哈希值反映了值的语义顺序。

引用语言的实现细节总是十分危险，因为它们可能会在未来的某个时期发生变化，但是它对基本枚举的工作方式的了解令人信服，这也是为什么介绍这一节的原因。一个基本枚举容纳了 2～255 之间的所有情况，每个值的名称仅仅有一个字节。较长的枚举需要额外的存储。

使用这些知识，理论上可以创建一个协议，允许通过哈希值和枚举成员构建实例(不要在生产代码中这样做)。下面的代码段为废弃实用程序提供了一种方式，这样做可以节省时间：

```
protocol HashableEnumerable {}
extension HashableEnumerable {
  // Construct a byte and cast to the enumeration
  init?(fromHashValue hash: Int) {
    let byte = UInt8(hash)
    // "Warning: Breaks the guarantees of Swift's type system;
    // use with extreme care.  There's almost always a better way
    // to do anything." -- unsafeBitCast docs
    // Also, if you pass this an out-of-range value, it returns garbage
    self = unsafeBitCast(byte, Self.self)
  }

  // Enumerate members
  static func sequence() -> AnySequence<Self> {
    var index = 0
    return AnySequence {
      return anyGenerator {
        return Self(fromHashValue: index++)
      }
    }
  }
}
```

请保留这种“有趣”的实现方法，但是它不适合发布在 App Store 上的代码。如果确实需要这样的行为，就使用原始值枚举进行代替，如下一小节所述。

要使用前面的方法，只需声明一致性。下面的一些示例说明了如何遵循该协议并调用默认实现：

```
extension Finger: HashableEnumerable {}
Finger(fromHashValue: 2) // Middle
Finger(fromHashValue: 8) // nil
for item in Finger.sequence() { print(item) } // prints members
```

你可能会使用此方法来创建一个随机的 fingers(手指)数组：

```
extension Array {
    var randomItem: Element {
        return self[Int(arc4random_uniform(UInt32(count)))]
    }
}
var allFingers = Array(Finger.sequence())
let myFingers = (1...10).map({_ in allFingers.randomItem})
print("My random fingers array is \(myFingers)")
```

然后遍历该序列，计算每个枚举的情况在数组中出现的次数：

```
for eachFinger in Finger.sequence() {
    let count = myFingers.filter({$0 == eachFinger}).count
    print(eachFinger, count, separator: "  \t")
}
```

如你所见，如果在任何集合中使用枚举来标记情况，这就是一种有趣的探索方式。然而，作为当前 Swift 状态的替代方式，建议避免采用 hashValue 解决方案，而使用下一小节介绍的原始值枚举。

7.2.3　原始值枚举

通过在初始声明后追加类型名称的方式可以创建原始值枚举。例如，你可能使用字符串来创建一个问候(greetings)枚举：

```
enum Greetings: String {
    case Hello = "Hello, Nurse!"
```

```
    case Goodbye = "Hasta la vista"
}
```

每种情况都使用相同的类型，但提供了一个独一无二的值，可以通过 rawValue 成员来访问该原始值：

```
Greetings.Hello.rawValue // Hello, Nurse!
Greetings.Hello.hashValue // 0
Greetings.Goodbye.rawValue // Hasta la vista
Greetings.Goodbye.hashValue // 1
```

与基本枚举不同，可以使用原始值来构建实例。Swift 提供了一个以 rawValue 为参数的默认初始化器：

```
Greetings(rawValue: "Hasta la vista")?.hashValue // 1
Greetings(rawValue: "No-op") // nil
```

该初始化器是可失败的，并且当传入一个无效的原始值时会返回 nil。

在许多编程语言中，枚举值是基于数字的。Swift 支持数字枚举并且可以自动填充其成员。下面是一个简单的示例：

```
enum Dwarf: Int {
    case Bashful = 1, Doc, Dopey, Grumpy, Happy, Sleepy, Sneezy
}
```

在本示例中，顺序会有影响。只有 Bashful 使用了显式赋值。Swift 推断出剩余枚举项的值，从 2 开始叠加。虽然 Dwarf 使用 1 作为其第一个值，但默认的计数从 0 开始，如下所示：

```
enum Level: Int {case Low, Medium, High}
Level.High.rawValue // 2
```

然而，你可以设定任何喜欢的值。该示例为每种情况都提供了一些毫无意义的(但必然是不重复的)值：

```
enum Charm: Int {case Heart = 5, Moon = 30,
    Star = 15, Clover = 20}
Charm.Star.rawValue // 15
```

7.2.4 原始值成员和序列

原始值枚举使用可失败初始化器，这意味着如果知道第一个枚举成员的起始值，以及从一个成员到下一个成员的原始值序列的模式，那么就可以为创建生成器(generator)和计数成员提供可预测机制。秘诀 7-2 添加了一个计算成员属性和一个计算序列。该示例可以工作，这是因为 Dwarf 使用了连续的原始值，并且循环在第一个间隔(the first gap)中就被中断。

秘诀 7-2 通过原始值枚举创建序列

```
extension Dwarf {
    // The computed members property constructs an array on each call
    static var members: [Dwarf] {
        var items : [Dwarf] = []
        var index = 1 // initial value
        while let dwarf = Dwarf(rawValue: index++) {
            items.append(dwarf)
        }
        return items
    }

    // The simpler sequence implementation offers a better solution
    // for most iteration and member queries
    static func sequence() -> AnySequence<Dwarf> {
        return AnySequence {
            _ -> AnyGenerator<Dwarf> in
            var index = 1
            return anyGenerator {
                return Dwarf(rawValue: index++)
            }
        }
    }
}
```

秘诀 7-2 中的方法比在本章前文中的私有实现特定的 hashValue 初始化器安全得多。你还必须考虑各个枚举的特点。回顾一下，Dwarf 枚举的初始值是 1，这就是为什么该方法的 index 的起始值为 1 的原因。index 的声明位于 AnySequence 作用域中，这样可以确保多线程调用 generate()时不会共享一个 index。

该方法非常适合底层序列定义明确的原始值枚举。理解该方法后，就可以将此解决方案用于在集合中存储成员的任意情况中，如当创建并分类一副牌或一个反复滚动的骰子成员的枚举，并且希望计算它们的统计数据时。

7.2.5 关联值

关联值(associated values)能够创建可变的结构，其字段因枚举情况而有所不同。同真实的和类型(sum type)或不相交的联合体(disjoint union)一致，每个枚举实例的存储实例都是基于使用的情况进行更改的。这种方法允许枚举使用可变数据的设计，但每种情况都共享相同的内存。

在下面的示例中，Clue.NextClue 存储了一个整数和一个字符串。Clue.End 没有使用附加存储：

```
enum Clue {
   case End
   case NextClue(Int, String)
}
```

可以通过直接引用(对于无值的 case，如 Clue.End)或者传入一个元组值(Clue.NextClue(5, "Go North 5 paces"))的方式来构建一个新的实例。可以通过模式匹配来访问它们的关联值，如下面的示例所示：

```
let nextClue = Clue.NextClue(5, "Go North 5 paces")
if case Clue.NextClue(let step, let directions) = nextClue where step > 2 {
   print("You're almost there!. Next clue: \(directions)")
}
```

模式匹配使你能够在枚举中基于情况来实现条件赋值，同时访问相关的关联值。

虽然前面的示例没有使用标签，但标签可以为 case 添加有用的上下文。在下面的示例中，被标记的枚举值有助于建立海龟图形界面(turtle graphics interface)的各个绘制版本：

```
enum TurtleAction {
   case PenUp
   case PenDown
   case Goto(x: Double, y: Double)
   case Turn(degrees: Double)
   case Forward(distance: Double)
}

var actions: Array<TurtleAction> = [.Goto(x:200.0, y:200.0), .PenDown,
   .Turn(degrees:90.0), .Forward(distance:100.0), .PenUp]
```

在执行变量绑定时，可以忽略标签，如下例所示：

```
let action = actions[0]; var x = 0.0; var y = 0.0
if case let .Goto(xx, yy) = action {(x, y) = (xx, yy)}
```

如果想在一行代码中执行赋值操作，并且打算在作用域中保留除了.Goto 的 case，可以使用 guard 语句，如下所示：

```
// Unwrap and use in primary scope, else return
guard case let .Goto(x, y) = action else {return}
```

这种方式可以将 x 和 y 转换为常量，并且直接在主作用域中使用它们。

枚举的关联值不提供哈希值和原始值。相对于基本枚举和原始值枚举而言，它们不能够提供序列的语义。

7.2.6　间接值

间接枚举能够通过间接存储关联值来创建递归的数据结构。可以声明一个 case 为 indirect 或者将枚举作为一个整体。例如，可以创建一个如秘诀 7-3 中所示的链表。秘诀 7-3 创建了一个泛型枚举类型，其中包括两种情况。Nil 列表提供了一个自然的终点。Cons 构造函数为列表添加了一个新值，该值包括列表的头节点和尾节点。这是一个标准的 Intro to Data Structures 实现，Swift 使用间接枚举进行实现。

秘诀 7-3　使用间接值创建递归链表

```
enum List<T> {
    case Nil
    indirect case Cons(head: T, tail: List<T>)
    func dumpIt() {
        switch self {
            // This case uses Lisp-style notation
            // You can read more about Lisp's car, cdr, and cons
            // at https://en.wikipedia.org/wiki/CAR_and_CDR
            case .Cons(head: let car, tail: let cdr):
                print(car); cdr.dumpIt()
            default: break
        }
    }
}
```

```
// Construct a list and dump it
// Always adds the new value to the head
// so the constructed list is 5.4.3.2.1.Nil
var node = List<Int>.Nil
for value in [1, 2, 3, 4, 5] { node = List.Cons(head: value, tail: node) }
node.dumpIt()
   // As each value is appended to head, this implementation
   // prints its output in reverse numeric order
```

7.3 switch 语句

与其他编程语言一样，Swift 的 switch 语句能够对代码进行分支。switch 语句的代码将词义连贯的条件加入到了结构清晰的流中。从单个值开始，你可以在任何条件下测试该值。当条件成功时，switch 结构就会执行相关的语句。

最简单的 switch 语句如下所示：

```
switch value {
default: break
}
```

与 Objective-C 中的不同，不必给 switch 后边要匹配的值添加括号，除非该值是一个元组。遗憾的是，case 是以左对齐的方式进行排列，大家公认该排列方式并没有视觉吸引力。

当把 default 的情况添加到 switch 中时，无论 value 是否有值，switch 都会执行该行为。switch 中没有 case 意味着“忽略 value，按照默认的情况执行”。switch 语句体可以出现在 case 的右侧(如下例所示)或者也可以在下一行进行缩进。

```
switch value {
default: print("Always prints")
}
```

7.3.1 分支

可以通过添加 case 语句体来创建 switch 语句的分支。每个 case 关键字后都带有一个或多个值、一个冒号，然后是一个或多个语句，这些语句可以在同一行也可以分多行。当 case 匹配时，被关联的语句(只有这些语句)会被执行。例如，下面的语句在 default 前添加了两个 case。当整数值是 2 或 5 时，就会打印该值对应的信息：

```
switch intValue {
case 2: print("The value is 2")
case 5: print("The value is 5")
default: print("The value is not 2 or 5")
}
```

switch 语句必须是全面的。如果在没有匹配的情况下，一个值可以跳过每个 case，那么就必须添加 default 子句，default 就是 switch 中包罗万象的 else 分支。通配符表达式_ (下划线) 提供了另一种全部匹配的方式。该通配符可以匹配任何东西。下面的语句在功能上等同于 7.3 节开始讨论 switch 语句时提及的仅有 default 子句的情况：

```
switch value {
case _: print("Always prints")
}
```

7.3.2 中断

可以使用 break 语句来创建什么也不做的情况或者短路正在进行的计算。下面的代码段展示了 break 的用法，它忽略了 4 和 6 以外的值：

```
switch (intValue) {
case 1...3: break
case 4...6:
    if intValue == 5 {break}
    print("4 or 6")
default: break
}
```

7.3.3 fallthrough

与Objective-C不同，Swift的switch-case语句匹配成功后通常不会继续向下执行(fall through)。在Objective-C中，break关键字会结束当前匹配成功后的case，并且阻止其他未匹配的case继续执行——一个常见的错误是忘记在匹配成功后的case后添加break进行停止。Swift支持break，但是在大部分情况下不需要break。在当前case匹配成功后，switch语句会在下一个case匹配将要开始之前自动结束执行。

注意：

在switch语句中唯一需要使用break的情况就是没有运算的默认情况，虽然在目前的Swift中，可以使用()来代替break关键字(但最好不要这样做)。

在下面的示例中，第二个 case 2 绝不会被执行：

```
switch intValue {
case 2: print("The value is 2")
case 2: print("The value is still 2, by heavens!")
default: print("The value is not 2")
}
```

但把它放在上述代码中是合法的，编译器不会报错。结论就是先匹配的 case 将会被执行。当你正在使用区间和其他复杂的 case(可能包含特殊处理要求的成员)时，这是特别重要的。

无论下面的 case 条件是否被满足，fallthrough 关键字都可以让该 case 继续执行。当传入值 5 时，下面的 switch 语句先打印 5，然后再打印“5 or 6”：

```
switch intValue {
case 5: print("5"); fallthrough
case 6: print("5 or 6")
case 7: print("7")
default: print("not 5, 6, or 7")
}
```

这是一个奇怪的特性，除了在这种情况下，这种特性笔者用的不是很多。当处理适用于 case 成员的一个子集的行为时，如下所示，fallthrough 支持在处理完特定情况后继续执行接下来的更多情况：

```
switch myVariable {
   case needsSpecialHandling1, needsSpecialHandling2:
     // code specific to these cases
     fallthrough // handling continues in the following case
   case generalCases1, generalCases2, etc:
      // code that applies to both the general cases and
      // the code that needed special handling
   other cases and default: // blah blah
}
```

在这些情况下，请调用 fallthrough 的注释行为或者考虑其他替代方法。例如，可能会使用两个连续的 switch 语句或者在 if 语句后跟随 switch。虽然对于 fallthrough 你可能是训练有素的，但是在将来人们阅读代码时无论有多少注释都将无法识别这种古怪的特殊流。

注意：
当紧接着的 case 绑定任何值时，都不能使用 fallthrough。

7.3.4　复杂的 case

通过对 case 添加逗号分隔的区间值，很容易将多个 case 进行组合。switch 使用模式匹配操作符~=对传递参数之前的 case 元素进行测试。

这种方法能够测试区间，也可以测试单个值，如下例所示：

```
switch intValue {
case 5, 6: print("5 or 6")
case 7...12: print("7 - 12")
case 13...15, 17, 19...23:
   print("13, 14, 15, 17, or 19-23")
default: print("Not 5-15, nor 17, nor 19-23")
}
```

7.3.5　元组

switch 不仅可以匹配单个值，还可以匹配元组。下面的示例测试了一个二元元组，检查了 3 是否出现在该元组中。在第二个 case 中使用了通配符表达式来匹配一个位置为 3 的情况，另一个位置使用通配符进行占位：

```
switch tup {
   case (3, 3): print("Two threes")
   case (_, 3), (3, _):
      print("At least one three")
   case _: print("No threes")
}
```

Swift 使你能够在元组参数中使用区间，为 case 提供更大的灵活性：

```
switch tup {
case (0...5, 0...5):
   print("Small positive numbers")
case (0...5, _), (_, 0...5):
   print("At least one small positive number")
default:
   print("No small positive numbers")
}
```

7.3.6 值绑定的模式匹配

可以使用let和var关键字为临时变量绑定值。这是switch语句比if语句更为简单的地方，同时也展示了它们的强大之处。下面的示例展示了如何进行值绑定，以及为了实现更强大的功能如何对case进行组合：

```
enum Result<T> {
    case Error(ErrorType)
    case Value(Any)
    init (_ t: T) {
        switch t {
        case let error as ErrorType: self = .Error(error)
        default: self = .Value(t)
        }
    }
}

struct CustomError: ErrorType {let reason: String}
print(Result("Hello")) // Value("Hello")
print(Result(CustomError(reason: "Something went wrong")))
    // Error(CustomError(reason: "Something went wrong"))
```

该初始化器对它的参数t进行测试，在创建枚举实例时反对强制展开ErrorType。如果赋值成功，case 就会继续执行后边紧跟的代码块；如果赋值失败，结果就被封装在通用的Value中。

虽然var关键字是可用的，但其实很少使用。下面的示例使用var代替let毫无意义：

```
switch intValue {
case var value: print(++value)
}
```

7.3.7 where 子句

除了模式匹配外，可以使用where子句为case条件添加其他的逻辑。下面的示例对一个区间中的成员进行测试，并且测试这些数字是奇数还是偶数：

```
switch intValue {
case 0...20 where intValue % 2 == 0: print("Even number between 0 and 20")
```

```
case 0...20: print("Odd number between 0 and 20")
default: print("Some other number")
}
```

where子句提供了灵活的逻辑。它可用于比较元组中的成员或者测试值所在的区间，或者添加应用所要求的其他任意条件：

```
switch tuple {
case (let x, let y) where x == y:
   print("tuple items are equal")
case (0, let y) where 0...6 ~= y:
   print("x is 0 and y is between 0 and 6")
default: break
}
```

也可以在 for 循环、guard 语句以及 if-let 语句中使用 where 子句。下面的示例只对偶数进行打印：

```
for num in 0...10 where num % 2 == 0 {print(num, "is even")}
```

7.3.8 展开可选的枚举

在 switch 语句中使用关联类型是非常令人兴奋的。在使用基于枚举的最优解决方案取代笔者的实现之前，笔者一直使用下面这个示例。这是一个表示 Bezier 元素非常糟糕的例子，但好处在于说明了如何使用可选成员：

```
public struct BezierElement {
   public var elementType: CGPathElementType =
      CGPathElementType.CloseSubpath
   public var point: CGPoint?
   public var controlPoint1: CGPoint?
   public var controlPoint2: CGPoint?
}
```

point、controlPoint1 和 controlPoint2 字段都是可选类型。不是每个元素类型都需要所有的字段。例如，二次曲线就不需要 controlPoint2。下面的 switch 语句通过字段元组匹配元素的方式来发出 Swift 代码。

```
extension BezierElement {
   public var codeValue: String {
```

```
        switch (elementType, point, controlPoint1, controlPoint2) {
        case (CGPathElementType.CloseSubpath, _, _, _):
            return "path.closePath()"
        case (CGPathElementType.MoveToPoint, let point?, _, _):
            return "path.moveToPoint(CGPoint(x:\(point.x), y:\(point.y)))"
        case (CGPathElementType.AddLineToPoint, let point?, _, _):
            return "path.addLineToPoint(CGPoint(x:\(point.x), y:\(point.y)))"
        case (CGPathElementType.AddQuadCurveToPoint, let point?,
            let controlPoint1?, _):
            return "path.addQuadCurveToPoint(" +
                "CGPoint(x:\(point.x), y:\(point.y)), " +
                "controlPoint:" +
                "CGPoint(x:\(controlPoint1.x), y:\(controlPoint1.y)))"
        case (CGPathElementType.AddCurveToPoint, let point?,
            let controlPoint1?, let controlPoint2?):
            return "path.addCurveToPoint(" +
                "CGPoint(x:\(point.x), y:\(point.y)), " +
                "controlPoint1:" +
                "CGPoint(x:\(controlPoint1.x), y:\(controlPoint1.y)), " +
                "controlPoint2:" +
                "CGPoint(x:\(controlPoint2.x), y:\(controlPoint2.y)))"
        default: break
        }
        return "Malformed element"
    }
}
```

let x?结构与 let .Some(x)等效并且展开可选字段。该 switch 语句不仅匹配元素类型，所有相关字段数据也准备在该 case 语句块中使用。最重要的是，如果元素有缺陷，那么每个 case 都不会被执行，并且不会提供所需的字段。虽然可以使用复合的 if-let 语句来实现同样的结果，但是使用 switch 语句能够在使用模式匹配的同时添加测试(使用 where)。

该讨论展示了 switch 语句强大而实用的功能。无论有没有相关联的类型，它们只是可获取的 Swift 语言的最佳特性之一，而且对于枚举来说 switch 语句是一个完美的伴侣。

7.4 通过类型嵌入值

使用枚举来处理特定类型的异构存储是很常见的，就像使用 JSON 遇到的情况一样。下面的示例没有使用泛型。它创建了一个容器来存储一个整数、一个字符串、一个双精度浮点数或者一个 nil：

```
enum Container {
    case NilContainer
    case IntContainer(Int)
    case StringContainer(String)
    case DoubleContainer(Double)
}
```

下面的示例创建了几个 Container 实例并且进行了打印。其最初的实现冗长而繁琐：

```
for c in [.NilContainer,
    .IntContainer(42),
    .StringContainer("Hello!"),
    .DoubleContainer(M_PI)] as [Container] {
        switch c {
        case .NilContainer: print("nil")
        case .DoubleContainer (let d): print("Double: \(d)")
        case .StringContainer (let s): print("String: \(s)")
        case .IntContainer (let i): print("Int: \(i)")
        }
}
```

原始值简化了这个打印任务。下面的扩展返回了从关联类型中提取的原始值。返回的实例是 Any?类型。这适用于异构混搭的自然提取的值：

```
extension Container {
    var rawValue: Any? {
        switch self {
        case .NilContainer: return nil
        case .DoubleContainer (let d): return d
        case .StringContainer (let s): return s
        case .IntContainer (let i): return i
        }
    }
}
```

现在，可以只打印每个条目所包含的值。由于它们是作为可选项返回的，因此可以使用 nil 连接来提取值，并且可以为 nil 的情况打印字符串：

```
for c in [.NilContainer,
    .IntContainer(42),
    .StringContainer("Hello!"),
    .DoubleContainer(M_PI)] as [Container] {
        print(c.rawValue ?? "nil")
}
```

尽管代码有所改善，但构造仍然烦琐。将其与传入值来创建可选项的方式进行对比：

```
Optional(23)
```

既然如此，那为什么不扩展 Container，为结构执行相同的类型推断呢？下面是一个类型转换的延展，使用条件绑定对类型匹配进行测试，以创建新的实例：

```
extension Container {
    init() {self = .NilContainer}
    init<T>(_ t: T){
        switch t {
        case let value as Int: self = .IntContainer(value)
        case let value as Double: self = .DoubleContainer(value)
        case let value as String: self = .StringContainer(value)
        default: self = .NilContainer
        }
    }
}
```

现在创建每一种类型都超级简单。仅仅传入一个任意类型的值并让 Container 类型构建枚举实例即可：

```
for c in [Container(), Container(63),
    Container("Sailor"), Container(M_PI_4)] {
        print(c.rawValue ?? "nil")}
```

上述示例仍然有改进的空间。如果为 CustomStringConvertible 协议扩展 Container 枚举，可以跳过这个棘手的 c.rawValue 实现：

```
extension Container: CustomStringConvertible {
    var description: String {let v = rawValue ?? "nil"; return "\(v)"}
}
for c in [Container(), Container(63),
```

```
    Container("Sailor"), Container(M_PI_4)] {
        print(c)
}
```

其结果是一个非常简单的构造函数的集合，并且以一种更简单的方法来打印它们所产生的值。

下面是本节的最后一个诀窍。使用 for-case 迭代可以使你拔出(pluck out)单个枚举成员，如下例所示：

```
let items: [Any] = [1, 20, "Hello", 3.5, "Narf", 6, "Weasels"]
let containedItems = items.map({Container($0)})
for case .StringContainer(let value) in containedItems {print("String:", value)}
for case .IntContainer(let value) in containedItems {print("Int:", value)}
for case .DoubleContainer(let value) in containedItems {print("Double:", value)}
```

这种方法为操作异构枚举集合提供了一种简便方法，可以只选择你感兴趣的 case。

7.5　选项集

选项集(option set)是布尔值的轻量级集合。该特性在 Swift 2.0 中进行了令人愉悦的换装。选项集用于存储和查询独立的标志，Swift 将其视为可设置开关的正交集合。现在，仅使用简单的、可读的结构来构建选项集，然后根据需要对成员进行添加、删除以及测试。选项集比之前使用起来更为简单，并且使工作代码的可读性和可维护性比以往任何时候都要高。

7.5.1　重温 NS_OPTIONS

为了理解 OptionSetType，退一步看 Objective-C 的位(bit)字段是很有帮助的。在 iOS 6 和 OS X Mountain Lion 中，Apple 引入了 NS_OPTIONS 和与其同级的 NS_ENUM 来替代 typedef enum(枚举类型的声明)语句。这些宏创建了一致的方式来构建位标志和枚举，允许编译器在 switch 语句中测试完整性，确保测试涵盖所有的 case。它们指定了选项的大小和类型以及枚举成员。

许多 Objective-C 结构使用 NS_OPTIONS 来创建位标志集合。例如，你可能希望指定视图控制器可以扩展的边界：

```
typedef NS_OPTIONS(NSUInteger, UIRectEdge) {
    UIRectEdgeNone   = 0,
    UIRectEdgeTop    = 1 << 0,
    UIRectEdgeLeft   = 1 << 1,
```

```
    UIRectEdgeBottom = 1 << 2,
    UIRectEdgeRight  = 1 << 3,
    UIRectEdgeAll    = UIRectEdgeTop | UIRectEdgeLeft |
       UIRectEdgeBottom | UIRectEdgeRight
} NS_ENUM_AVAILABLE_IOS(7_0);
```

在 Objective-C 中，使用 or(“或”运算使用“|”符号表示)将选项合并在一起，例如，UIRectEdgeTop 和 UIRectEdgeLeft 的值由 UIRectEdge 提供。除了个别的边界，这个选项集也提供 UIRectEdgeNone，以及将所有边界组合成一个值的 UIRectEdgeAll 选项。Swift 导入了 NS_OPTIONS，以遵循 OptionSetType 协议，其中 Swift 2.0 提供了简单易用的结构和测试。

7.5.2 构建枚举

在 Swift 2.0 之前，使用低级的按位运算对选项进行测试。例如，你可能已经写了下面的测试来确定.Left 标志是否被设置为 UIRectEdge 的值：

```
if edgeOptions & .Left == .Left {...}
```

现在，在 Swift 2.0 中，可以使用一个成员函数来替代上面的测试：

```
if edgeOptions.contains(.Left) {...}
```

该语法的外观和感觉就像在使用标准的集合。使用方括号并应用一些函数，如 contains、union、intersection、exclusive-or 等。使用一个空集[]来代替没有标记的原始值 0。在 Swift 2.0 中选项成员看起来如下所示：

```
// Create empty option set
var options : UIRectEdge = []
options.insert(.Left)
options.contains(.Left) // true
options.contains(.Right) // false

// Create another set and union
var otherOptions : UIRectEdge = [.Right, .Bottom]
options.unionInPlace(otherOptions)
options.contains(.Right) // true
```

下面的调用使用刚刚创建的选项来设置视图控制器相对于其父导航容器的扩展布局边界：

```
UIViewController().edgesForExtendedLayout = options
```

7.5.3 构建选项集

默认的协议实现是 Swift 2.0 中另一个强大的特性。这使得选项集完全可以胜任创建位标志实现的工作，这几乎不需要你的参与。考虑秘诀 7-4，其中构建了一个新的选项集。Features 结构体遵循 OptionSetType 协议，添加了一个 rawValue 字段，并且声明了一系列简单的静态标志。

秘诀 7-4 创建选项集

```
struct Features : OptionSetType {
    let rawValue : Int
    static let AlarmSystem = Features(rawValue: 1 << 0)
    static let CDStereo = Features(rawValue: 1 << 1)
    static let ChromeWheels = Features(rawValue: 1 << 2)
    static let PinStripes = Features(rawValue: 1 << 3)
    static let LeatherInterior = Features(rawValue: 1 << 4)
    static let Undercoating = Features(rawValue: 1 << 5)
    static let WindowTint = Features(rawValue: 1 << 6)
}
```

与枚举不同，选项集可以自我填充整数，并且它要求你手动编写每个原始值，正如在上述示例中所见。在将来的 Swift 更新版本中该特性有可能会改变，因为这种方法容易有错别字。上述选项集的起始值为 1(1<<0)并且通过位的单步左移操作进行增长。

所有的其他特性都已经建立好。默认选项集的实现意味着继承了初始化、设置操作(union、 intersect、exclusive or)、成员管理(contains、insert、remove)、位操作(unionInPlace、intersectInPlace、exclusiveOrInPlace)等。事实上，你所需要做的就是定义标志，并且马上使用它们，如下例所示：

```
var carOptions : Features = [.AlarmSystem, .Undercoating, .WindowTint]
carOptions.contains(.LeatherInterior) // false
carOptions.contains(.Undercoating) // true
```

7.5.4 查看选项

虽然 Swift 2.0 的映射可以将枚举自动转换成可打印的描述，但是这种便利并没有扩展到 OptionSetType 实例中。例如，该枚举以人类可读的方式打印每个成员：

```
enum Colors {
```

```
    case Red, Orange, Yellow, Green, Blue, Indigo, Violet
}
print(Colors.Red) // prints Colors.Red
```

当打印在本节前面创建的选项集时，它们看起来如下所示：

```
C.UIRectEdge(rawValue: 14)
Features(rawValue: 194)
```

原始值不易阅读，而且不是特别有用。笔者怀疑这种打印支持的缺乏将会持续，直到开发者社区将此 bug 报告给 Apple。修复该问题后，通过使用 CustomStringConvertible 协议可以创建自定义的表示方式，并且坚持连续的位声明。

在秘诀 7-5 的扩展中应用 Swift 2.0 的 for-in-where 结构来收集那些被有效集合所包含的标志，并且返回字符串来表示这些成员。这是通过枚举静态的 featureStrings 数组并对选项集中的每个偏移量进行测试来实现的。该实现假定标志从 1 << 0 开始，并且从起始点逐位单调递增。

秘诀 7-5 打印选项集

```
extension Features : CustomStringConvertible {
    static var featureStrings = ["Alarm System", "CD Stereo",
        "Chrome Wheels", "Pin Stripes", "Leather Interior",
        "Undercoating", "Window Tint"]
    var description : String {
        return Features.featureStrings.enumerate().lazy
            .filter({(flag, _) in //test membership
                self.contains(Features(rawValue:1<<flag))})
            .map({$0.1}) // extract strings
            .joinWithSeparator(", ") // comma-delineated
    }
}
print(carOptions) // Alarm System, Undercoating, Window Tint
```

如果想让输出的内容更像集合，可以在逗号分隔的字符串中添加方括号，然后将其通过属性扩展返回。

7.6 类

在 Swift 中，许多开发人员从内心认为类的全部优点就是适用于结构体和枚举。你可以添加方法和计算属性，实现类型扩展，并遵循协议。所有这些改进都增加了对值类型的编译效率，那为什么还要使用类呢？答案归结为引用语义、与 Objective-C 的互操作(在 Objective-C 中将方法限制在类中)以及可以子类化。

引用语义确保每个实例在内存中占有独一无二的位置，并且该赋值总是指向同一个对象。可以为任何条目使用引用语义，这样多个所有者可以使用和修改该条目。如果在赋值中创建一个全新的实例毫无意义(考虑视图、数据存储、资源管理等)，就可以使用类来实现它们。除了类也没有其他可以实现的方式了。

在 Swift 中，子类化为优先选择类提供了另一个重要的原因，虽然这也许是一个最弱的原因，尤其是当你远离 Objective-C 的互操作和 view/view-controller 专业化时。有了泛型、协议、枚举和扩展，许多使用子类的传统理由就不再适用于 Swift。

与子类不同，Swift 的新技术使你基于类型(泛型和协议)区分行为，或者基于角色(枚举和可变的联合体)区分存储结构。虽然仍然有令人信服的理由来创建根类并通过继承来区分它们，但这种特殊模式的需求度被其他可用的优雅方法所减弱。

7.6.1 优化

Swift 提供了将引用语义与计算效率结合起来的一种方式。可以通过限制类的子类化的行为来实现该方式。final 关键字防止方法、属性、下标甚至一个完整的类在子类化中被重写。使用 final 标记条目可以使编译器引入性能优化。这些改进依赖于移除动态分配的间接性，这需要一个运行时决定来选择调用哪些实现。移除间接的方法调用和属性访问可以极大地提高代码性能。

Swift 新的整体模块优化可以通过同时扫描和编译一个完整的模块来自动推断出许多 final 声明。它的推断能力仅适用于结构，以及被 internal(成员默认为 internal 访问修饰符)和 private 标记的成员。使用 public 访问的类成员必须显式地声明 final 来进行优化。

> **注意：**
> 在类中，static 等效于 class final。

7.6.2 初始化器

在开发中，初始化器预先准备要使用的语言元素。它们为存储属性设置默认值并且执行基本的设置任务。Swift 使你能够初始化类、结构体以及枚举的实例，但是类中的初始化器在使用时较为复杂。这是因为类可以继承，子类可以继承父类的特性和初始化器。

当构建一个子类并且添加存储属性时，该存储属性必须使用默认值或者初始化器进行设置。为每个属性声明默认值的类可以不需要它继承之外的其他初始化器。下面的 UIViewController 子类在编译时没有任何错误：

```
class MyControllerSubclass: UIViewController {
```

```
    var newVar: String = "Default"
}
```

没有默认的赋值，编译器就会抱怨子类没有初始化器。你需要构建一个或多个初始化器(通常是在视图控制器中)。

7.6.3 初始化步骤

标准的 Swift 实例初始化器遵循以下三个基本步骤：

(1) 可以初始化由类创建的任何实例变量，为它们指定一个默认的初始状态。

(2) 需要调用父类(如果存在)来初始化它的实例变量。当然，在 Swift 中，需要在设置类的本地变量之后再执行其他的动作。该顺序可以确保在所有层次级别中的类存储是一致的。经过基本的初始化后，将有机会更新这些已被初始化的值。

(3) 执行实例所需的任何其他设置任务。在此可以重写或修改任何继承的属性，以及调用实例方法，并且可以使用 self 引用一个值。

7.6.4 指定初始化器和便利初始化器

Swift(和 Objective-C 以及其他现代编程语言一样)使用两种不同的初始化器模式。对于指定初始化器(designated initializer)，你只需阅读刚刚介绍的三步。它为类中所有声明的属性提供了详尽的默认值。当引入子类时，子类的初始化器首先对新的属性指定默认值，然后再调用父类的初始化器进行初始化。

便利初始化器(convenience initializer)提供了二次构造工具。虽然指定初始化器应该少而功能齐全，但是便利初始化器可以让你引用指定初始化器。它们为调用构造函数提供了更简便的方式，或者提供了间接的初始化机制。

7.6.5 初始化器规则

Swift 的官方文档定义了以下三种基本的初始化器规则：

- **规则 1**——子类中的指定初始化器必须调用父类的指定初始化器，并且从不调用父类的便利初始化器。
- **规则 2**——便利初始化器必须调用同一个类中的其他初始化器(指定初始化器或者便利初始化器)。便利初始化器总是横向委托的，并且不可能在父类的链上。
- **规则 3**——便利初始化器必须重定向到同一个类中的指定初始化器。来自规则 2 的构造链必须结束，为此，它必须调用在同一个类中声明的指定初始化器。

无论你如何一直横向委托，最终以走到指定初始化器的链为止。因为指定初始化器不能调用便利初始化器，所以只要遇到指定初始化器就会停止链。根据规则 1，沿着一条直线到达指定初始化器的类树上。

下面是另外两个自动继承初始化器的规则：

- **规则** 4——如果为所有新的属性提供了默认值(或根本就没有添加新的属性)，并且子类没有定义指定初始化器，那么子类将自动从父类继承指定初始化器。
- **规则** 5——继承或者重写父类的指定初始化器的任何类，它们都继承其便利初始化器。

规则 4 和规则 5 之所以有效，是因为在父类中定义的便利初始化器总是以本地指定初始化器结束。规则 2 确保继承的初始化器横向跳过子类。因为从规则 1 和规则 3 中可以明确给出初始化器的终点，所以继承的初始化器要保证以子类的指定初始化器为终点。

自定义的 iOS 视图控制器继承了两个指定初始化器：

```
public init(nibName nibNameOrNil: String?, bundle nibBundleOrNil: NSBundle?)
public init?(coder aDecoder: NSCoder)
```

如果想在代码中为构造实例创建更多的便利方式，那么可以通过这些初始化器做一些默认的工作。幸运的是，该版本的 nib 中的两个参数都接受 nil 值，使你能够创建完全基于代码的视图控制器：

```
class MyControllerSubclass: UIViewController {
    var newVar: String

    convenience init(newVar: String) {
        self.init(nibName: nil, bundle: nil)
        self.newVar = newVar
    }
}
```

遗憾的是，视图控制器和 let 属性不能很好地融合，尤其是想在初始化器之间共享代码时。不能调用一个共享的设置例程，因为在初步任务完成之前允许调用方法和使用 self。最简单的解决方式是使用变量来代替常量。还可以考虑使用自定义结构来存储常量属性，这允许使用通用构造函数。虽然这看起来有点丑，但可以正常工作。通常更容易坚持使用带有默认值的变量来代替常量，从而降低初始化任务的开销。

7.6.6 构建便利初始化器

顾名思义，便利初始化器是便利的或者是方便的。例如，你可能会用字符串为视图类保存 nib 文件的路径。或者在一个典型的参考时间(timeIntervalSinceReferenceDate)中提供相对于当前时间(timeIntervalSinceNow)的一个偏移量，NSDate 实例通常用此参考时间来设置自身。便利初始化器提供的入口点建立在客户端的典型的 API 需求之上，而不是建立在类的内部结构之上。它们为开发人员创建结构实例提供了友好的快捷方式。

使用 convenience 关键字来标记提供这些入口点的初始化器。在规则 4 中通过为 newVar 提供默认值可以简化 MyControllerSubclass 的实现。在下面的简化实现中，为所有新的存储属性提供默认值意味着子类继承了父类的初始化器。该便利初始化器仅仅需要调用一个指定的版本，然后再基于被提供的参数执行其他工作：

```
class MyControllerSubclass: UIViewController {
   var newVar: String = ""

   convenience init(newVar: String) {
      self.init(nibName: nil, bundle: nil)
      self.newVar = newVar
   }
}
```

7.6.7　可失败初始化器和抛出初始化器

可失败初始化器(failable initializer)可能会产生一个完整的初始化的实例，或者返回 nil。这种方法可以让初始化任务在不能创建有效的实例时失败。可失败初始化器使用问号(init?)进行标记，并且返回一个可选值：

```
class MyFailableClass {
   init?() {
      // This initializer fails half the time
      if arc4random_uniform(2) > 0 {return nil}
   }
}

guard let test = MyFailableClass() else {return} // test is MyFailableClass?
```

对于这个可失败结构来说，return nil 命令有一些古怪。初始化器可以设置值，但它们不返回值。当结构成功执行时，不需要返回任何东西。编写此书时，在返回 nil 之前需要满足 init 规则并且初始化所有的属性。希望这个问题能在未来的 Swift 更新版本中得到解决。

初始化器也可以抛出，如下面的便利初始化器所示：

```
class MyThrowingClass {
   var value: String
   init() {
      value = "Initial value"
   }
```

```
        convenience init(string: String) throws {
            if string.isEmpty {throw Error()}
            self.init()
            value = string
        }
    }
```

当使用抛出初始化器(throwing initializer)时，必须使用 try 来创建它们，这与其他抛出函数的创建方式一样：

```
instance = try MyThrowingClass(string: "Initial StringValue")
```

初始化器失败可能是因为缺失资源(如 UIImage/NSImage 的初始化)、所需的服务不可用、参数值无效，这些原因以及其他任何理由都可以阻止类实例的正确设置。在实例不能被正确构建时优先使用抛出初始化器，使用可失败初始化器的情况并不代表错误。

例如，当把一个值映射到一些枚举变量时使用 init?，并且在解释为什么初始化失败的情况下使用 init throws。Cocoa 为后者提供了许多例子。例如，下面的 NSAttributedString 构造函数抛出一个错误：

```
init(URL url: NSURL,
   options options: [String : AnyObject],
   documentAttributes dict:
      AutoreleasingUnsafeMutablePointer<NSDictionary?>) throws
```

这是 Swift 2.0 重新设计的可失败初始化器，当初始化失败时可以调用之前填充的错误：

```
init?(
    fileURL url: NSURL!,
    options options: [NSObject : AnyObject]!,
    documentAttributes dict:
        AutoreleasingUnsafeMutablePointer<NSDictionary?>,
    error error: NSErrorPointer)
```

作为一项规则，在可失败初始化器 init?中使用组合策略，如 guard 或 nil 合并(使用??操作符)，并使用 try/throws 进行抛出。这可以确保只获取有效值，或者使用默认的备份值或提前退出。

注意：

每个初始化器的签名必须是独一无二的。不能在可失败和不可失败初始化器中使用相同的参数标签和类型。

7.6.8 析构器

在类的实例被释放之前使用 deinit 来执行任务的清理工作(第 6 章曾讨论过 defer 的用法，它可以使你在离开当前作用域时做一些清理工作)。Swift 的 deinit 使释放操作变得简单。可以在实现中抛出一个 print 语句并观察条目何时被释放：

```
deinit {
    print("Deallocating instance")
}
```

当观察对象的生命周期时，它有助于跟踪处理的对象。Swift 的值类型没有该标识符。在结构体、枚举、函数和元组中没有“同一性的概念”，因为在每次赋值中都会创建一个新条目。类是引用类型而不是值类型，因此可以使用 ObjectIdentifier 来获取每个实例的独一无二的表现方式：

```
class MyClass {
    init () {
        print("Creating instance",
            ObjectIdentifier(self).uintValue)
    }

    deinit {
        print("Deallocating instance",
            ObjectIdentifier(self).uintValue)
    }
}
```

这种方法便于跟踪条目的实例化和释放情况。在下面的示例中迫使一个条目快速地经过自己的生命周期：

```
class MyClass {
    let message = "Got here"

    func test() {
        let ptr = unsafeBitCast(self, UnsafeMutablePointer<Void>.self)
        let handler = HandlerStruct(ptr: ptr)

        let numberOfSeconds = 2.0
        let delayTime = dispatch_time(
```

```
            DISPATCH_TIME_NOW,
            Int64(numberOfSeconds * Double(NSEC_PER_SEC)))

        dispatch_after(delayTime,
            dispatch_get_main_queue()) {
                [self] // capture self
                handler.unsafeFunc()
        }
    }

    init () {
        print("Creating instance",
            ObjectIdentifier(self).uintValue)
    }

    deinit {
        print("Deallocating instance",
            ObjectIdentifier(self).uintValue)
        CFRunLoopStop(CFRunLoopGetCurrent())
    }
}

MyClass().test()
CFRunLoopRun()
print("Done")
```

当运行该实例时，会看到该实例从开始到结束的情况。

7.7　属性观察器

在 Swift 类型中，可以通过实现观察器来监听属性的变化并为属性添加安全行为。Swift 提供了两个版本的属性观察器(property observer)：willSet 和 didSet，前者只是在属性更新之前被调用，后者只在属性被赋值之后调用。

可以使用 willSet 为新的赋值做一些准备工作，清理一些东西。例如，在给新的 view 属性赋值之前，可能会移除手势识别器：

```
var view: UIView {
```

```
    willSet {
            if let view = view {
                view.removeGestureRecognizer(myTapGestureRecognizer)
            }
        }
    ...
}
```

同样，也可以在给 view 赋值之后添加手势识别器：

```
didSet {
  if let view = view {
     view.addGestureRecognizer(myTapGestureRecognizer)
  }
}
```

didSet 为检查边界条件和设置适当的值提供了机会：

```
public class ImageTiler : NSObject {
   public var hcount : Int = 1 {didSet {if hcount < 1 {hcount = 1}}}
   public var vcount : Int = 1 {didSet {if vcount < 1 {vcount = 1}}}
   ...
}
```

该示例有可能更新两个属性的值。当你在自己的观察器中给属性赋值时，新的值将替换为刚刚设置的值，但不引发另一轮观察。

> **注意：**
> willSet 和 didSet 分别提供 newValue 和 oldValue 常量参数。你可以重写这些参数名，尽管无法想象为什么要这样做。

getter/setter 和访问级别修饰符

默认情况下，getter 或者 setter 在作为父类属性时具有相同的访问级别。通常，如果能公开地读取某个属性，那么也可以公开地写。可以通过为特定的 get 和 set 添加 private 和 internal 关键字来重写这种默认的行为。下面是一个公共结构体的示例，该结构体具有两个公共属性。这些级别修饰符创建了微妙的只读访问。status 属性的访问级别修饰符为 private。只有在同一个源文件中才能修改它。result 属性的 set 修饰符是 internal，所以可以在同一个模块中修改它，但不能在外部客户端进行修改：

```
public enum Status {case Okay, Error}
public struct Attempt {
    public private(set) var status: Status = .Okay
    public internal(set) var result: String = "Nothing"
    public init() {}
    mutating public func execute() {
        let succeeded = arc4random_uniform(2) > 0
        switch succeeded {
        case true:
            status = .Okay
            result = "Attempt Succeeded"
        case false:
            status = .Error
            result = "Attempt Failed"
        }
    }
}
```

注意：

Jared Sinclair 撰写了非常优秀的 Swift 概述和受保护的扩展设计模式，它可以被子类强制重写。具体内容请参见 http://blog.jaredsinclair.com/post/93992930295/for-subclass-eyes-only-swift。

7.8 扩展和重写

Swift 能够扩展类型，并且在类中可以重写父类创建的方法，这引入了巨大的开发灵活性和强大的功能。可以使用 override 关键字来标记任何覆盖父类实现的方法。编译器对关键字的检查可以阻止你对父类行为的意外覆盖。扩展可以为已经存在的类型添加方法、初始化器、下标和计算属性，可以在原始的类型中扩展行为。

如秘诀 7-6 所示。它对 CGRect 进行了扩展，CGRect 是 UIKit 视图中一个重要的结构体。该实现为 Swift 的双精度浮点数和整数添加了初始化器，允许长方形被清零或者以某些点为中心，并且提供了一种以中心点创建另一个长方形的方式。这些即时获得的类型象征着如何使用 Swift 快乐地工作。

秘诀 7-6　扩展 CGRect

```
public extension CGRect {
    // Init with size
    public init(_ size: CGSize) {
```

```
        self.init(origin:CGPoint.zero, size:size)
    }

    // Init with origin
    public init(_ origin: CGPoint) {
        self.init(origin:origin, size:CGSize.zero)
    }

    // Init with x, y, w, h
    public init(_ x: CGFloat, _ y: CGFloat, _ width: CGFloat, _ height: CGFloat) {
        self.init(x:x, y:y, width:width, height:height)
    }

    // Init with doubles
    public init(_ x: Double, _ y: Double, _ width: Double, _ height: Double) {
        self.init(x:x, y:y, width:width, height:height)
    }

    // Init with integers
    public init(_ x: Int, _ y: Int, _ width: Int, _ height: Int) {
        self.init(x:x, y:y, width:width, height:height)
    }

    // Move origin to zero
    public var zeroedRect: CGRect {return CGRect(size)}

    // Move to center around new origin
    public func aroundCenter(center: CGPoint) -> CGRect {
        let origin = CGPoint(x: center.x - size.width / 2.0,
            y: center.y - size.height / 2)
        return CGRect(origin:origin, size:size)
    }
}
```

7.9 惰性求值

我有一个艰难的决定，因为不知道应该在本书的哪一章节来讨论 lazy，最终将这部分内容放在本章的结尾部分。惰性求值(lazy evaluation)意味着将值的计算延迟到该值在实际中被需要时。与其相反的是及早(eager)求值，这不是关键字或 Swift 官方术语。

7.9.1 惰性序列

在 Swift 中，一些东西可以是惰性的。序列可以是懒惰的，例如，当用户请求新的值时生成器才会创建这个值。可以使用 lazy 集合属性将集合转变为懒惰序列。下面示例中每次打印的 Fetching Word 反映了功能的运行，使你能够看到每个阶段何时执行：

```
let words = "Lorem ipsum dolor sit amet".characters.split(
   isSeparator:{$0 == " "}).lazy.map{
   characters -> String in print("Fetching Word"); return String(characters)}
   // words is now a lazy map collection
```

如果这是全部代码，那么将不会有东西输出。惰性求值确保 map 在需要时才会执行。如果添加的是一个请求，那么 Fetching Word 将会被打印一次：

```
words.first // prints Fetching Word once
```

当遍历整个集合时，在返回每个值之前 print 请求都会执行：

```
for word in words {
   print(word) // prints Fetching Word before each word
}
```

7.9.2 惰性属性

存储属性可以是懒惰的。它们的初始化可以被推迟到第一次被使用时，如果一直不使用该属性，那么可以完全绕过这一计算操作。惰性属性(lazy property)必须是一个变量；常量在初始化完成前必须被赋值。

思考秘诀 7-7。在该示例中，在 3 秒之前，lazy 关键字确保 item 不会被创建。如果移除 lazy 关键字，那么存储在 item 中的值会减小到接近于 0。

秘诀 7-7 使用 lazy 来延迟初始化

```
var initialTime = NSDate()
struct MyStruct {
```

```
    lazy var item: String = "\(-initialTime.timeIntervalSinceNow)"
}

var instance = MyStruct()
sleep(3)
print(instance.item) // for example, 3.01083701848984
```

注意：
被存储的静态属性是被延迟初始化的，这与全局变量一致。

7.10 小结

本章从理论到实践，探索了许多 Swift 的类型特性。其中介绍了结构体、类和枚举，以及其他一些支持它们的机制和在功能上的取舍。Swift 本质上是一种安全的、灵活的且可扩展的语言，其多方面的类型系统有助于支持这些目标。

第8章 杂　记

Swift 是一种充满活力且不断发展的语言，其功能庞杂，有很多无法恰当地进行归类。本章介绍的许多主题不适合放到其他章节中，但是仍然需要认真学习。

8.1 声明标签

在不同的语言中，像 break、continue、return 和 goto 这些地址程序流命令，可以在循环、switch 和其他作用域中有条件地重定向执行。Swift 为循环提供了包括 continue 和 break 在内的控制流功能，为 switch 提供了 break 和 fallthrough，等等。在下面的示例中，当 index 为奇数时使用 continue 来跳过 print 语句：

```
for index in 0...5 {
   if index % 2 != 0 {continue}
   print(index) // prints 0, 2, 4
}
```

不太广为人知的是 Swift 也提供了声明标签(statement label)。这些标记点默认在最近的范围之外继续执行。在下面的代码段中可以看到这样的示例，该示例中外部的 for 循环使用 outerloop 标签来标记：

```
outerloop: for outer in 0...3 {
   for inner in 0...3 {
      if (outer == inner) {continue outerloop}
      print(outer, inner)
```

```
        // (1, 0), (2, 0), (2, 1), (3, 0), (3, 1), (3, 2)
    }
}
```

声明标签不仅可以继续(continue)执行最内层循环的下一次迭代，而且可以继续执行任何一个层级。在该示例中，当 inner 和 outer 的值彼此相等时，控制流就会重定向到最外层的循环中执行下一次循环。在该示例中，inner 的打印值永远不会大于等于 outer 的值。D 语言和 Rust 语言的开发者可能比较熟悉这些标签，它们可以用于 continue 或 break 语句的控制流中。

Swift 允许你使用标签来标记循环语句、条件语句和 do 语句(事实上，在不使用标签的情况下是不能对 do 或者 if 块进行中断操作的)。每个标签都是开发者任意选择的一个标识符，如 outerloop。将标签放在关键字的同一行上，即放在语句的起始位置，然后在标签后添加一个冒号。下面的代码段展示了 do 语句控制流，并且使用 break 对引入的声明标签进行重定向。

```
print("Starting")
labelpoint: do {
    // Waits to execute until the scope ends
    defer{print("Leaving do scope")}

    // This will always print
    print("Always prints")

    // Toss a coin and optionally leave the scope
    let coin = Int(arc4random_uniform(2))
    print("Coin toss: " + (coin == 0 ? "Heads" : "Tails"))
    if coin == 0 {break labelpoint}

    // Prints if scope execution continues
    print("Tails are lucky")
}
print("Ending")
```

在该示例中，do 作用域对代码进行同步执行。该代码段先打印 Starting，然后执行 do 语句，最后打印 Ending。当 coin 为 0 时，break 语句就使用标签重定向到 do 作用域的起始位置，并且继续执行下面的语句。此时的“Tails are lucky”将不会被输出。

与 goto 语句不同，不能在应用中中断任何标签，只可以中断与其相关联的标签。该流的优点是它允许简化本地的作用域，并继续执行请求。break 提供了一种“return”语句，在闭包中将会用到该方式。

在本例中，与所有其他作用域一样，无论其结束的情况如何，都会在其父作用域结束时执行 defer(延迟)语句。这种行为包括被标记的重定向。你可以返回、中断、抛出错误等。如果离开当前作用域，那么在退出作用域时就会执行 defer 语句。

8.2 自定义运算符

运算符使你能够使用更自然的数学关系来跳出函数名称后紧跟着圆括号和参数的模式。Swift 运算符的行为类似于函数，但在语法上有所不同。运算符通常放在条目的前边或后边(前缀和后缀的形式)，或者放在两个运算数之间(中缀形式)，它将这些值组合成结果。Swift 内置的运算符包括数学运算(如++、+和-)，以及逻辑运算(如&&和||)等。

Swift 也提供了自定义运算符，这提供了两个重要的功能。首先，可以对已经存在的运算符进行自定义扩展。例如，可以通过对+号运算符进行重载，让其可以对两个实例进行相加。在该示例中，自定义运算符实现了对+号语义的扩展。其次，可以使用更广范围的 Unicode 编码声明一个新的运算符，如点积和叉积。这允许你在代码中引入自定义运算符语法。

8.2.1 声明运算符

可以声明全局级别的自定义运算符。使用 operator 关键字，根据定义运算符的风格，使用 prefix、infix 或 postfix 来标记声明。下面的运算符打印并返回一个值，允许将打印当前的值作为正常计算的附带产物：

```
postfix operator *** {}
postfix func ***<T>(item: T)-> T {print(item); return item}
```

也可以编写一个中缀自定义运算符来匹配带有参数的格式字符串：

```
infix operator %%% {}
func %%%(lhs: String, rhs: [CVarArgType]) -> String {
   return String(format: lhs, arguments: rhs)
}
```

可以以如下方式来调用%%%运算符：

```
print("%zd & %@" %%% [59, "Bananas" as NSString]) // "59 & Bananas"
```

下面的示例基于 Foundation 调用执行区分大小写的字符串正则表达式匹配：

```
// Regex match. Requires Foundation.
infix operator ~== {
   associativity none
   precedence 90
```

```
}

func ~==(lhs: String, rhs: String) -> Range<String.Index>? {
   return lhs.rangeOfString(rhs,
      options: [.RegularExpressionSearch, .CaseInsensitiveSearch],
      range: lhs.startIndex..<lhs.endIndex,
      locale: nil)
}
```

在中缀运算符声明时后面可以跟随一个括号，其中包含一些关于结合性(left、right 或 none)和优先级别(默认是 100 级)的信息。优先级别增加了运算符的优先级，优先级别的数值越大，运算符的优先级就越低。结合性定义了相同优先级的运算符在没有圆括号的情况下如何结合在一起。对于左结合性运算符，运算符是从左边开始被分组的；对于右结合性运算符，运算符是从右边开始被分组的。无结合性运算符可以防止链接。

8.2.2 运算符的一致性

如果一个运算符已经被定义，当把它作为自定义类型来实现时，就不必对该运算符进行重复声明。例如，遵循 Equatable 协议的==运算符。为了一致性，可以遵循该协议并且实现全局的==运算符：

```
struct MyStruct {let item: Int}
extension MyStruct: Equatable {}
func ==(lhs: MyStruct, rhs: MyStruct)-> Bool {return lhs.item == rhs.item}
```

上面的示例使用含有一个整数属性的普通结构体。在 Swift 中，经常会用到泛型，如下面的代码段所示：

```
struct MyGenericStruct<T: Equatable> {let item: T}
extension MyGenericStruct: Equatable {}
func ==<T>(lhs: MyGenericStruct<T>, rhs: MyGenericStruct<T>)-> Bool {
   return lhs.item == rhs.item
}
```

在此可以看到一个更为真实的用例，其中的泛型结构体由一个可比较相等性的属性组成。为了保持整个结构体的一致性，实现==时也必须使用泛型来限制结构体的类型必须相同。

8.2.3 对运算符的取舍进行评估

自定义运算符使你能够使用比较自然的表达式来代替函数形式，如 A ∈ B 与∈(A, B)，但是这样做也需要一些开销：

- 在运算符中只可以使用以下字符：/、=、-、+、!、*、%、<、>、&、|、^、?或 ~，以及 Apple 文档上定义的合法的 Unicode 集合。
- 不能重写已保留的用途，如=、->、//、/*和*/。
- 不能迷惑编译器，以!和?结尾的运算符看起来像可选的处理操作，即使语法表明运算符是合法的，也不能这样做。例如，如果你想编写一个阶乘运算符(阶乘通常使用!表示)和一个选择运算符(通常一个带有括号的数字被放在另一个数字之上)，在 Swift 语法给定的限制中，如何选择运算符字符呢？
- 你想选择那些很容易被识别并易于被调用的运算符。此外，要在代码中构造 Unicode 运算符，在使用该运算符时可能需要从参考表中复制/粘贴或者需要复杂的键盘输入。

由于这些限制，应该使用有意义的新运算符。对已经存在的运算符进行重载比引入新的运算符更为高效。

8.3 数组的索引

数组的查找可能会失败，当查找失败时，通常是非常明显的，并且令人不舒服。如果尝试访问一个越界的数组索引，就要做好程序崩溃的准备。这不是一个可以防范的功能或有条件通过 try 来进行错误处理。你必须处理自然的后果，如下所示：

```
fatal error: Array index out of range
```

幸运的是，可以实现安全的自定义工作区，如秘诀 8-1 所示。Swift 支持自定义下标和下标的标签，如 myArray[safe: index]，对任意的下标进行有效的检查，比直接使用 myArray[index] 进行查询更为安全。在秘诀 8-1 中创建了一个带有标签下标的扩展。它在返回可选结果之前对索引进行有效的检查。

秘诀 8-1 为数组添加索引安全性

```
extension Array {
   subscript (safe index: Int) -> Element? {
      return (0..<count).contains(index) ? self[index] : nil
   }
}
```

该实现中为超出范围的索引返回 nil，或者返回一个被打包的.Some(x)值。为了使用该方法，代码必须有可选的返回值，并且在使用之前进行展开。在下面的示例中，Swift 的 guard 语句将查询出来的可选值进行展开并赋值给本地变量，并且跳过对失败索引情况的处理：

```
let tests: [UInt] = [1, 50, 2, 6, 0]
for indexTest in tests {
    guard let value = alphabet[safe: indexTest] else {continue}
    print("\(indexTest): \(value) is valid")
}
```

当使用安全的索引时，要考虑如何对越界的索引做出反应。可以抛出一个错误，也可忽略错误继续工作，或者退出当前作用域。有时处理错误最好的方式是终止应用程序，在这种情况下，可以从一开始就发现和重构导致失败的逻辑错误。在安全检查的情况下限制使用，因为在这种情况下不能完全控制潜在的脏数据，并且当你想为处理不匹配的数据索引提供强大的可恢复机制时，就更不能使用安全查找了。

从理论上而言，可以对任何集合类型扩展安全查找。下面的代码段创建了一个泛型实现，可以用于具有可比较索引的任何集合类型：

```
extension CollectionType where Index: Comparable {
    subscript (safe index: Index) -> Generator.Element? {
        guard startIndex <= index && index < endIndex else {
            return nil
        }
        return self[index]
    }
}
```

在实践中，除了数组外，很少有其他集合使用该方法。

8.3.1 多索引的数组访问

Swift 允许使用多个索引下标。例如，你可能创建一个数组并且想使用 myArray[3, 5] 或 myArray[7, 9, 16]来索引该数组。可以使用一些技巧来实现通用的解决方案。当预先知道数组中元素的数量时，可以很容易地构建一个自定义的下标，将此行为扩展到有着任意参数个数的数组中不太好实现。

下面的扩展一次返回两个元素的值：

```
// Two at a time
extension Array {
    subscript(i1: Int, i2:Int) -> [Element] {
```

```
        return [self[i1], self[i2]]
    }
}
```

这是很容易实现的，Swift 可以轻松使用参数匹配找到你需要的被重载的结果。

当在任意数量的参数中扩展该行为时，必须要小心。下面的方法不会工作，而且将会导致无限循环和执行失败。Swift 不能从一个标准的单项索引的重写中区分该参数的声明。可变参数接受 0 个或多个指定类型的值，所以[2]、[2, 4]、[2, 4, 6]和[2, 4, 6, 8]都符合该声明：

```
subscript(i1: Int, i2:Int...)
```

对于 Swift，在运行时，(Int, Int...)与(Int)几乎是相同的，并且编译器在单个参数查询时优先选择重写的方法，而不是原始的实现。这就出现了无限循环。单一索引请求在收集结果值时是必不可少的，这就无意间形成了自我引用。还需要一个下标签名来解除 Swift 在这种方式中的迷惑。合适的解决方案是使用两个定长参数，且后边再跟一个可变长的参数，创建一个“该实现仅适用于两个或多个参数”的场景。

秘诀 8-2 提供了一个可行的解决方案。当为该 Array 扩展提供一个至少有两个下标参数的实现时，Swift 就知道使用正确的下标实现。

秘诀 8-2　多个数组下标

```
extension Array {
    // specifying two initial parameters differentiates
    // this implementation from the default subscript
    subscript(i1: Int, i2: Int, rest: Int...) -> [Element] {
        get {
            var result: [Element] = [self[i1], self[i2]]
            for index in rest {
                result.append(self[index])
            }
            return result
        }

        set (values) {
            for (index, value) in zip([i1, i2] + rest, values) {
                self[index] = value
            }
        }
    }
}
```

8.3.2　封装索引

避免数组越界的一个方法是将索引进行封装，将上溢和下溢的索引映射到合法的区间。例如，数组中有 5 个元素，第 6 个元素将环绕到第 1 个元素中，倒数第 1 个元素将环绕到最后一个元素中。秘诀 8-3 对此方法进行了简单的实现，确保传入的整数总会映射到一个有效的索引。

秘诀 8-3　使用索引封装

```
extension Array {
    subscript (wrap index: Int) -> Element? {
        if count == 0 {return nil}
        return self[(index % count + count) % count]
    }
}

myArray[wrap:-1] // last element
```

8.3.3　数组切片

在 Swift 中，切片点(slice point)存在于现有的数组中，不必创建一个新的副本。切片是描述而不是复制。当执行查询时，你会遇到它们，如下面的示例所示。这段代码创建了一个新的数组，然后又通过索引创建了一个切片：

```
var myArray = "abcdefgh".characters.map({String($0)}) // Array<String>
let slice = myArray[2...3] // ArraySlice<String>
```

可以将该切片当成标准数组来对待。如果对这个新的切片进行计数，那么报告的结果是两个成员。也可以对它进行索引，该切片保留了原始数组的编号。可以查找 slice[2] (结果是“c”)，但不能查找 slice[0]。虽然 myArray[0]是有效的，但是 slice[0]将会出错。

其他需要注意的几点如下：

- 数组是值类型。如果在创建切片后对 myArray 进行修改，更新的值不会传播到已创建的切片中。
- 可以引用切片的 startIndex 和 endIndex，以及完整的区间(indices)。
- 枚举数组切片(slice.enumerate())失去了它们的索引。计数从 0 开始，所有序列计数都从 0 开始。这只与序列有关，而与切片无关。

可以通过索引来压缩切片，从而解决此枚举问题。下面的函数创建了一个枚举来保留切片排序：

```
extension ArraySlice {
    func enumerateWithIndices() -> AnySequence<(Index, Generator.Element)> {
        return AnySequence(zip(indices, self))
    }
}
```

8.4 泛型下标

Swift 下标延伸到集合之外。如果想要索引对象内部的成员，可以创建一个自定义下标来访问它。提供一个参数(该参数是可选的，并且有一个外部标签，该标签可以作为 Swift 支持的下标标签)，并且根据这个参数计算逻辑值。秘诀 8-4 演示了自定义下标，通过 RGBA 通道来访问一个 UIColor 实例。由于并不是所有的 UIColor 实例都提供 RGBA 值，因此该实现对不可获取的通道会返回 0.0。

秘诀 8-4 Color 的下标

```
public typealias RGBColorTuple =
    (red: CGFloat, green: CGFloat, blue: CGFloat, alpha: CGFloat)
public extension UIColor {
    public var channels: RGBColorTuple? {
        var (r, g, b, a): RGBColorTuple = (0.0, 0.0, 0.0, 0.0)
        let gettableColor = self.getRed(&r, green: &g, blue: &b, alpha: &a)
        return gettableColor ? (red: r, green: g, blue: b, alpha: a) : nil
    }
    public enum RGBAChannel {case Red, Green, Blue, Alpha}

    public subscript (channel: RGBAChannel) -> CGFloat {
        switch channel {
        case .Red:   return channels?.red ?? 0.0
        case .Green: return channels?.green ?? 0.0
        case .Blue:  return channels?.blue ?? 0.0
        case .Alpha: return channels?.alpha ?? 0.0
        }
    }
}
```

在该颜色示例中，可以使用公共的 Channel 枚举作为标准的下标来独立访问每个通道的值。

```
let color = UIColor.magentaColor()
color[.Red]   // 1
color[.Green] // 0
color[.Blue]  // 1
color[.Alpha] // 1
```

笔者喜欢 Swift，因为它能够一次性声明和初始化所有的变量，正如在上述实现中看到的 channels 属性一样。可以很容易地为其他颜色空间扩展此实现，如色调、饱和度和亮度。

无参下标

除了支持标签外，Swift 还支持实现无参数的下标。下面的实现模拟了在本章前文描述的自定义运算符***，通过该运算符进行打印和传递操作：

```
public protocol SubscriptPrintable {
    subscript() -> Self {get}
}

public extension SubscriptPrintable {
    subscript() -> Self {
        print(self); return self
    }
}

extension Int: SubscriptPrintable {}
5[] // whee!
```

Kevin Ballard 发现了这个小功能非常好用。他实现了一个简单的方法，提供 get 和 set 来访问不安全可变的指针内存：

```
extension UnsafeMutablePointer {
    subscript() -> T {
        get {
            return memory
        }
        nonmutating set {
            memory = newValue
```

```
        }
    }
}
```

8.5 字符串工具

String 是一个非常有用的类型，伴随着程序员的每一天。接下来几小节介绍多种方便的方法来获取 Swift 中的 String 类型。

8.5.1 重复元素初始化器

字符串和数组都允许用一个计数和一个值来构造新的实例：

```
public init(count: Int, repeatedValue c: Character)
public init(count: Int, repeatedValue: Self.Generator.Element)
```

给字符串初始化器传递一个字符，并将任意一个元素传递给数组的初始化器：

```
let s = String(count: 5, repeatedValue: Character("X")) // "XXXXX"
let a = Array(count: 3, repeatedValue: "X") // ["X", "X", "X"]
let a2 = Array(count: 2, repeatedValue: [1, 2]) // [[1, 2], [1, 2]]
```

最典型的是，使用数组方法来构造一个初始化为 0 的缓冲区：

```
let buffer = Array<Int8>(count: 512, repeatedValue: 0)
```

8.5.2 字符串和基数

Swift 的基数(radix)初始化器支持将整数转换成二进制、八进制以及十六进制的字符串表示形式：

```
String(15, radix:2) // 1111
String(15, radix:8) // 17
String(15, radix:16) // f
```

在秘诀 8-5 中，为整型创建了字符串属性并且为字符串创建了整型属性，这样 String 和 Int 两种类型可以相互转换。

秘诀 8-5　基础类型与字符串互相转换

```
extension String {
```

```
    var boolValue: Bool {return (self as NSString).boolValue}
}

// Support Swift prefixes (0b, 0o, 0x) and Unix (0, 0x / 0X)
extension String {
    var binaryValue: Int {
        return strtol(self.hasPrefix("0b") ?
            String(self.characters.dropFirst(2)) : self, nil, 2)}
    var octalValue: Int {
        return strtol(self.hasPrefix("0o") ?
            String(self.characters.dropFirst(2)) : self, nil, 8)}
    var hexValue: Int {
        return strtol(self, nil, 16)}

    var uBinaryValue: UInt {
        return strtoul(self.hasPrefix("0b") ?
            String(self.characters.dropFirst(2)) : self, nil, 2)}
    var uOctalValue: UInt {
        return strtoul(self.hasPrefix("0o") ?
            String(self.characters.dropFirst(2)) : self, nil, 8)}
    var uHexValue: UInt {
        return strtoul(self, nil, 16)}

    func pad(width: Int, character: Character) -> String {
        return String(
            count: width - self.characters.count,
            repeatedValue: character) + self
    }
}

extension Int {
    var binaryString: String {return String(self, radix:2)}
    var octalString: String {return String(self, radix:8)}
    var hexString: String {return String(self, radix:16)}
}
```

8.5.3 字符串区间

许多人认为区间是可移植的。例如，Foundation 中的 NSRange 由简单的整数位置和长度组成，并且可以在任何支持整数索引的对象中使用。现在考虑图 8-1 中的示例，其中获取了一个 Swift 的 String。Index 的区间来自于一个字符串，然后尝试重新使用该区间从其他字符串中提取元素。

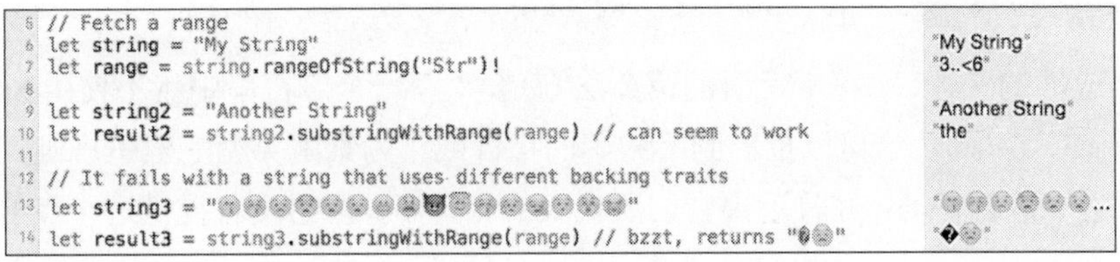

```
5  // Fetch a range
6  let string = "My String"                                            "My String"
7  let range = string.rangeOfString("Str")!                            "3..<6"
8
9  let string2 = "Another String"                                      "Another String"
10 let result2 = string2.substringWithRange(range) // can seem to work "the"
11
12 // It fails with a string that uses different backing traits
13 let string3 = "[illegible]"                                         "[illegible]..."
14 let result3 = string3.substringWithRange(range) // bzzt, returns "�[illegible]"   "�[illegible]"
```

图 8-1　Swift 的区间明确了它们来源的特征

不能将初始字符串返回的区间应用于 string3，尽管它们都是 String 类型并且它们的区间也是 String.Index 类型。后备存储的字符不能够被匹配。不能假设在"My String"中可以使用的区间也照样可用于"Another String"。即使字符串都是 ASCII，它们也可以使用不同的内部编码。该区间可能用于与其有着相同基本属性的其他字符串，但这不是很可靠，并且很容易出错。

通过使用 startIndex、endIndex 以及 distanceTo 和 advancedBy 函数来抽象区间，可以创建可移植的区间，如秘诀 8-6 所示。

秘诀 8-6　创建可移植的字符串索引

```
extension String {
    func toPortable(range: Range<String.Index>) -> Range<Int> {
        let start = self.startIndex.distanceTo(range.startIndex)
        let end = self.startIndex.distanceTo(range.endIndex)
        return start..< end
    }

    func fromPortable(range: Range<Int>) -> Range<String.Index> {
        let start = startIndex.advancedBy(range.startIndex)
        let end = startIndex.advancedBy(range.endIndex)
        return start..<end
    }
}
```

可以使用原始字符串将区间转换成可移植的形式。然后在使用它们索引新字符串之前，使其符合特定的字符串。每个可移植转换操作的复杂度是 O(n)，所以要慎重使用它们。秘诀 8-6 中没有执行区间检查或其他一些安全检查。使用正确的字符步长也可以避免出错。当地址索引超出了字符串的范围时，字符串调整范围与本机方式创建的范围一样也会阴险地崩溃：

```
let portableRange = string.toPortable(range)
let threeSpecific = string3.fromPortable(portableRange)
let result4 = string3.substringWithRange(threeSpecific) // correct
```

始终要遵循的 Swift 字符串索引的黄金法则是，“在一个字符串中绝不使用 String.Index，除非它属于该字符串。”这可以推广到不共享的指针或作为索引类型的索引规则。在秘诀 8-6 中，能够对索引进行移动，并且远离它们所代表的字符串，但它没有提供进一步的安全保障。

8.5.4 字符串分割

分割字符串是一个常见的任务。你可能会通过寻找空格或行边界来检查回车符，从而可以在单词边界处进行拆分。虽然可以将字符串分解为字符，但使用字符串级入口点进行拆分操作更为方便。秘诀 8-7 构建了两个 String 函数：一个模仿特定于字符的分割函数的签名；另一个则简单地接受字符作为参数。

秘诀 8-7 将字符串分割为匹配的字符

```
extension String {
    public func split(
        maxSplit: Int = .max,
        allowEmptySlices: Bool = false,
        @noescape isSeparator:
            (Character) throws -> Bool) rethrows -> [String] {
            return try self.characters.split(
                maxSplit,
                allowEmptySlices: allowEmptySlices,
                isSeparator: isSeparator)
                .map({String($0)})
    }

    public func split(character: Character) -> [String] {
        return self.split{$0 == character}
    }
}
```

8.5.5 字符串下标

秘诀 8-8 中的扩展可以查找和操作字符串的内容。它提供了基于整数索引的方式来获取信息，抽象了后备存储器的详情和内部实现的细节。其结果是一种通用的方法，该方法可以获取和设置字符串的某些部分，就好像它是行为正常的字符序列，而不是疯狂的不可预知的数据类型。

这种方法并不理想，建议尽可能避免使用它。每个基于整数的操作的复杂度是 O(n)，通常，你可能以 O(n^2)的复杂度结束操作或者更糟糕地执行该方法。该方法除了性能上的问题，你基本可以向 Swift 及其最佳实践宣战了。对这一事实笔者只是点了点头，也包括此示例，这可以向后兼容“更新中的 Swift”，人们反复探讨这一挑战。

秘诀 8-8 下标字符串

```
extension String {
    // Convert int range to string-specific range
    public func rangeFromIntRange(range: Range<Int>) ->
        Range<String.Index> {
        let start = startIndex.advancedBy(range.startIndex)
        let end = startIndex.advancedBy(range.endIndex)
        return start..<end
    }

    // Substring within range
    public func just(desiredRange: Range<Int>) -> String {
        return substringWithRange(rangeFromIntRange(desiredRange))
    }

    // Substring at one index
    public func at(desiredIndex: Int) -> String {
        return just(desiredIndex...desiredIndex)
    }

    // Substring excluding range
    public func except(range: Range<Int>) -> String {
        var copy = self
        copy.replaceRange(rangeFromIntRange(range), with:"")
        return copy
```

```
    }

    // The setters in the following two subscript do not enforce
    // length equality. You can replace 1...100 with, for example, "foo"
    public subscript (aRange: Range<Int>) -> String? {
        get {return just(aRange)}
        set {replaceRange(rangeFromIntRange(aRange), with:newValue ?? "")}
    }

    public subscript (i: Int) -> String? {
        get {return at(i)}
        set {self[i...i] = newValue}
    }
}
```

8.5.6 与 Foundation 的互操作

如果没有考虑到 Cocoa 和 Foundation，就不可能有 Swift 的出现。Swift 生活在 Apple 已有的 API 的暗影中，并且 Swift 的字符串和 Foundation 的 NSString 并不总是像人们所希望的那样无缝桥接。秘诀 8-9 使用一些简单的实现，提供了许多转换字符串的方法。

秘诀 8-9 与 Foundation 的互操作

```
extension String {
    public var ns: NSString {return self as NSString}
}

public extension NSString {
    public var swift: String {return self as String}
}
```

8.5.7 连接与扩展

Swift 的标准库提供了一些函数，可以帮助将各元素组合在一起。例如，可以很容易地通过减少条件来计算 n 的阶乘：

```
func factorial(n: Int) -> Int{return (1...n).reduce(1, combine:*)}
```

可以以相似的方式来操作 joinWithSeparator 函数，该函数可以将序列中的元素进行组合。例如，可以创建由逗号分隔的字符串或在其中插入一个数组：

```
["a", "b", "c"].joinWithSeparator(", ") // "a, b, c"
print(Array([[1, 2], [1, 2], [1, 2]]
   .joinWithSeparator([0]))) // [1, 2, 0, 1, 2, 0, 1, 2]
```

序列必须由字符串或者本身为序列类型的元素组成，所以可以使用数组，而不能使用整数。字符串和数组都提供了附加的函数来插入、追加、删除和替换元素，这些函数由 Swift 标准库提供。

8.6 序列生成器

Swift 中的序列生成器(Permutation Generator)适用于集合和以索引呈现不同顺序集合成员的序列。由于该生成器实际上并不局限于严格的排列，并且该方法可用于重复或跳过索引，因此它可能更适合被称为“索引对象”生成器。

秘诀 8-10 演示了一个常见的用例，使用随机混合的索引把集合打乱。该用例演示了如何通过传入集合元素和一个序列来构建基本的生成器，在该示例中，懒惰地生成一个随机序列。该实现将通过 anyGenerator 构建的打乱的索引生成器转换成一个 AnySequence 类型的序列，为两者之间的转换提供了一个简单的解决方案。

秘诀 8-10 打乱的集合

```
extension CollectionType {
   // Return a scrambled index generator
   func generateScrambledIndices() -> AnyGenerator<Self.Index> {
      var indices = Array(self.startIndex..<self.endIndex)
      return anyGenerator {
         if indices.count == 0 {return nil}
         // Select a random index and remove it from future use
         let nextIndex = arc4random_uniform(UInt32(indices.count))
         let nextItem = indices.removeAtIndex(Int(nextIndex))
         return nextItem
      }
   }

   // Create a permutation generator to present the scrambled indices
```

```
    func generateScrambled() ->
        PermutationGenerator<Self,AnySequence<Self.Index>> {
        return PermutationGenerator(elements: self,
            indices: AnySequence(self.generateScrambledIndices()))
    }
}
```

注意生成器如何通过 generateScrambledIndices()返回其在创建范围(具体指 indices 数组)内持有的状态声明。该生成器构建方法使你可以使用关联状态来构建生成器。

序列生成器不仅限于随机打乱。可以用同样的方法建立一个可跨越的序列。跨越使你能够以设置间隔的方式来遍历元素，如秘诀 8-11 所示，或者使用任何其他计算来返回成员。

秘诀 8-11　在序列生成器中使用可跨越的索引

```
extension CollectionType {
    func generateWithStride(interval: Self.Index.Distance = 1) ->
        PermutationGenerator<Self,AnySequence<Self.Index>> {
        var index = startIndex
        let generator: AnyGenerator<Self.Index> = anyGenerator {
            // Return a value and advance by the stride interval
            defer { index = index.advancedBy(interval, limit: self.endIndex) }
            return index == self.endIndex ? nil : index
        }
        return PermutationGenerator(elements:self,
            indices: AnySequence(generator))
    }
}
```

返回的集合的长度不需要与原始长度相匹配。例如，在秘诀 8-12 中为每个元素生成了多个副本，例如，通过为生成器提供自定义的多重计数，将集合 A, B, C 转换成 A, A, A, B, B, B, C, C, C。

秘诀 8-12　多实例集合

```
extension CollectionType {
    func generateMultiple(count count: Int = 1) ->
        PermutationGenerator<Self,AnySequence<Self.Index>> {
        var index = startIndex; var current = 0
        let generator: AnyGenerator<Self.Index> = anyGenerator {
```

```
            defer {
                if (current + 1) == count {
                    index = index.advancedBy(1, limit: self.endIndex)
                }
                current = (current + 1) % count
            }
            return index == self.endIndex ? nil : index
        }
        return PermutationGenerator(elements:self,
            indices: AnySequence(generator))
    }
}
```

8.7 小结

本章只是简单介绍了 Swift 提供的许多超出基础开发范围的功能。无论是因为语言本身的不断发展，还是因为你想成为一个超越自我的程序员，学习 Swift 都会是连续的经历。鼓励大家深入学习 Swift 的文档和标准库，探索和发现一些可供使用的功能。